U0621739

吴浓娣　张振宇　刘定湘　杨　研　等　编著

浦江幸福河湖

中国水利水电出版社
www.waterpub.com.cn
·北京·

内 容 提 要

　　河湖是水资源的重要载体，维护河湖健康、建设幸福河湖是生态文明建设的有机构成。浦江县河湖资源丰富，2021年被列为浙江省首批11个幸福河湖试点县之一。近年来，浦江县高度重视河湖生态系统保护，朝着建设"幸福河湖"的目标稳步迈进，河湖治理理念不断更新迭代。本书介绍了幸福河湖的内涵要义，总结了浦江幸福河湖建设发展历程，讲述了浦江治水兴水、产业富民、以水兴业的故事，展望了浦江未来幸福河湖建设愿景。

　　本书适应于广大水利工作者以及密切关心河湖健康的社会大众。

图书在版编目（CIP）数据

　　浦江幸福河湖 / 吴浓娣等编著. -- 北京 : 中国水
利水电出版社，2024.1
　　ISBN 978-7-5226-1773-2

　　Ⅰ．①浦… Ⅱ．①吴… Ⅲ．①水利史－浦江县 Ⅳ．
①TV-092

　　中国国家版本馆CIP数据核字(2023)第169865号

书　　名	**浦江幸福河湖** PUJIANG XINGFU HEHU	
作　　者	吴浓娣　张振宇　刘定湘　杨　研　等 编著	
出版发行	中国水利水电出版社 （北京市海淀区玉渊潭南路 1 号 D 座　100038） 网址：www. waterpub. com. cn E - mail：sales@mwr. gov. cn 电话：(010) 68545888（营销中心）	
经　　售	北京科水图书销售有限公司 电话：(010) 68545874、63202643 全国各地新华书店和相关出版物销售网点	
排　　版	中国水利水电出版社微机排版中心	
印　　刷	天津嘉恒印务有限公司	
规　　格	170mm×240mm　16 开本　11.25 印张　173 千字	
版　　次	2024 年 1 月第 1 版　2024 年 1 月第 1 次印刷	
印　　数	001—800 册	
定　　价	**88.00 元**	

本 书 编 委 会

主　任：吴浓娣　张振宇　刘定湘

副主任：杨　研　夏　朋　耿思敏

委　员：傅克平　孙　嘉　徐国印　陈　琛

　　　　吴明峰　陈　璐　郭利颖　张云程

　　　　李　雪　周诗静

前言

FOREWORD

党的十八大以来，党和国家对生态文明建设作出了一系列重大战略部署，习近平总书记对加强生态文明建设多次做出重要指示批示。党的十九大进一步提出加快生态文明体制改革，建设美丽中国。河湖是水资源的重要载体，维护河湖健康、建设幸福河湖是生态文明建设的有机构成。中共中央办公厅、国务院办公厅先后印发实施《关于全面推行河长制的意见》《关于在湖泊实施湖长制的指导意见》，有效促进了河湖水生态环境改善，为加快建设美丽中国提供了重要支撑。2019 年 10 月，习近平总书记在黄河流域生态保护和高质量发展座谈会上发出了"让黄河成为造福人民的幸福河"的号召，开启了幸福河湖建设的新征程。学习贯彻习近平总书记重要讲话精神，必须深刻领会"幸福河"的丰富内涵和精神实质，将习近平总书记的要求落实到江河治理保护实践中，落实到每一条河流上，努力让全国每条河流都成为造福人民的"幸福河"。

浦江县隶属于金华市，位于浙江省中部，因浦阳江得名，属于钱塘江水系。县域内河网密布，河湖资源丰富。在"八八战略"与"两山理论"的指引下，浦江县高度重视河湖生态系统保护，朝着建设"幸福河湖"的目标稳步迈进，河湖治理理念不断更新迭代。2013 年，浦江县落实浙江省委省政府要浦江为全省治水"撕开一个缺口、树立一个样板"的要求，率先打响了浙江省"五水共治"的第一枪，以治水为突破口倒逼产业转型升级，取得了"五水共治""三改一拆""四边三化""美丽乡村"等一系列重大战役的胜利,初步实现了由"水净"到"水清"的跨越式发展,河湖生态系统得到根本改善。自 2017 年开始,浦江县实施全域美丽河湖建设,构建了由浦阳江、壶源江、茜溪省级美丽河湖,檀溪镇、虞宅乡两个乐水小镇以及 10 个水美乡村组成的美丽河湖立体网络,为"诗画浦江"建设提供了强有力的支撑。2020 年,浦江县持续深化美丽河湖建设,编制县域幸福河湖建设方案,力争实现"美丽河湖"向"幸福河湖"升级迭代。在水利等有关各方的共同努力下,浦江县连续八年获得"五水共治"(河长制)工作"大禹鼎",人民群众获得感、幸福感、自豪感显著提升。

进入"十四五"时期,我国开启全面建设社会主义现代化国家新征程。为深化生态文明示范创建,高水平建设新时代美丽浦江,浦江县立足"三新一高",深入践行"两山理论",对照《中共中央 国务院关于支持浙江高质量发展建设共同富裕示范区的意见》目标要求,落实《浙江高质量发展建设共同富裕示范区实施方案(2021—2025 年)》和浙江省推进幸福河湖建设的有关部署,大力推进县域幸福河湖建设。2021 年,浦江县被列为浙江省首批 11 个幸福河湖试点县之一,正式拉开了由"美丽河湖"向"幸福河湖"迭代升级的序幕。本书以图文并茂的形式,在文献分析和调查研究的基础上,梳理了幸福河湖的内涵要义,总结了浦江幸福河湖建设发展历程,展望了浦江未来幸福河湖建设愿景。书中讲述了许多浦江治水兴水、产业富民、以水兴业的故事,这既是"诗画浦江生态美、幸福河湖幸福人"的生动体现,也为乡村振兴和美丽中国建设提供了有益参考。

编委会

2023 年 10 月

目录

CONTENTS

绪论

　　河湖是地球的血脉，是水资源的重要载体，是生态系统的重要组成部分。习近平总书记指出，保护江河湖泊，事关人民群众福祉，事关中华民族长远发展。2016 年以来，中共中央办公厅、国务院办公厅先后印发实施《关于全面推行河长制的意见》《关于在湖泊实施湖长制的指导意见》，有效促进了河湖生态环境改善，为加快推进美丽河湖、幸福河湖建设、管理和保护指明了方向，提供了遵循。习近平总书记在黄河流域生态保护和高质量发展座谈会上发出了"让黄河成为造福人民的幸福河"[①] 的伟大号召，要求我们树立唯物辩证法视野下的人与自然和谐的河湖幸福观，尊重和认可自然生态系统及其组成，从而指引人们在生活生产中践行良好的生态行为。幸福河湖既有自然生态属性，也有人文生态特征，其不仅是要实现河湖自身幸福，而且也应能够更好地服务人民幸福。幸福河湖，已然成为未来河湖治理的主要方向，成为新发展阶段全社会的共识。

　　学习贯彻习近平总书记重要讲话精神，必须深刻领会幸福河湖的内涵要义、基本特征以及目标要求，将习近平总书记的要求落实到江河治理和保护的实践中，落实到每一条河流上，努力让全国每条河流都成为造福人民的幸福河。因此，我们要深入贯彻落实习近平生态文明思想，

---

　　① 习近平. 在黄河流域生态保护和高质量发展座谈会上的讲话 [J]. 求是，2019 (20).

牢固树立和践行绿水青山就是金山银山理念，以持续提升水生态系统质量和稳定性为核心，促进实现防洪保安全、优质水资源、健康水生态、宜居水环境、先进水文化相统一的江河治理保护，维护河湖健康生命，实现河湖功能永续利用，加快建设造福人民的幸福河湖。

0.1 幸福河湖的内涵要义

在理论层面，幸福的定义本为一个哲学概念。不同学科之间对于幸福的概念阐述差别较大，但有一点一致的是，它强调一种主观上的一定程度的满足感。生态范畴内，周国文等认为生态学中的幸福是基于人水和谐的思想，这不仅仅是一种物质满足的自我感觉，而且是一种顺从自然规律、在自然中产生、对自然进行保护、最后从自然中受益的关于自然的整体均衡感[①]。王宇翔等提出幸福是在合理的物质变换基础上人与自然和谐共生的愉悦体验，从人的自然属性、精神属性和社会属性三个方面揭示了人与自然的共生亲和关系，并塑造物质生态幸福与精神生态幸福的统一、个人生态幸福与社会生态幸福的统一以及当前生态幸福与长远生态幸福的统一的多维度的幸福[②]。李世书认为幸福是包括良好生态环境在内的多方面因素共同作用形成的生活状态，其关键不仅在于确立生态价值观，而且还在于实质上提升国民幸福的"生态"指数[③]。因此，"幸福河湖"既具有河流的自然属性，也包含其社会属性。与"幸福"的概念类似，"幸福河湖"的概念也没有绝对的界定，是一种不断变化、不断丰富的描述和阐释，应该是河流生态保护与人类经济社会对河流需求总体上的一种平衡。

关于幸福河，左其亭等指出"幸福河"就是造福人民的河流，具体是指河流安全流畅、水资源供需相对平衡、河流生态系统健康，在维持

① 周国文，刘玉珠. 全球化视域下的生态幸福观 [J]. 中共四川省委省级机关党校学报，2012 (03)：23-26.

② 王宇翔，毕秋. 马克思恩格斯生态幸福观的四维论析 [J]. 思想教育研究，2021 (04)：41-46.

③ 李世书. 论当代人的生态幸福观及其实现 [J]. 中州学刊，2016 (03)：79-85.

河流生态系统自然结构和功能稳定的基础上，能够持续满足人类社会合理需求，人与河流和谐相处地造福人民的河流①。陈茂山等指出"幸福河"是在维持河流自身健康的基础上，能够有效保障防洪安全，可持续提供优质水资源和生态产品服务功能，支撑流域高质量发展，让人民有安全感、获得感、满足感的河流②。王平等提出"幸福河"既要从人类幸福的需求出发，又要考虑河流自身健康，更要考虑人类与河流相互制约支撑以及和谐发展的关系，认为"幸福河"的内涵是江河保护与治理要满足人民群众对美好家园美好生活的全部需求，也是在维持河流自身健康的基础上，能够有效保障防洪安全，持续提供优质水资源、健康水生态、宜居水环境、先进水文化③。幸福河研究课题组将"幸福河"定义为：能够维持河流自身健康，支撑流域和区域经济社会高质量发展，体现人水和谐，让流域内人民具有高度安全感、获得感与满意度的河流。幸福河是安澜之河、富民之河、宜居之河、生态之河、文化之河的集合与统称④。艾广章等以建设幸福黄河为例，将"幸福河"概括为在维持河流自身生态健康的基础上，能够满足人类社会可持续发展需求的人与河流之间的动态平衡关系⑤。唐克旺认为"幸福河"应是能够给流域人民带来幸福感的河流，其内涵包含以下两个方面：一个是流域居民对人水关系的心理满意度，另一个是影响这些满意度的外部因素，尤其是水治理的现代化水平。同时考虑到幸福涉及的心理学现象，因此幸福河同样也应满足基本需求和发展需求，于水而言，基本需求层次包括水旱灾害防御、水环境质量、生活用水保障等，发展需求层次则包括生产性用水保障程度及用水产出、水生态及审美、涉水娱乐需求等⑥。马林

① 左其亭，郝明辉，马军霞，等.幸福河的概念、内涵及判断准则 [J].人民黄河，2020，42 (01)：1-5.

② 陈茂山，王建平，乔根平.关于"幸福河"内涵及评价指标体系的认识与思考 [J].水利发展研究，2020，20 (01)：3-5.

③ 王平，郦建强."幸福河"内涵与实践路径思考 [J].水利规划与设计，2020 (04)：4-7，115.

④ 幸福河研究课题组.幸福河内涵要义及指标体系探析 [J].中国水利，2020 (23)：1-4.

⑤ 艾广章，马小芳.建设幸福河的实践探索与启示——以郑州黄河为例 [J].人民黄河，2021，43 (S1)：13-15.

⑥ 唐克旺.对"幸福河"概念及评价方法的思考 [J].中国水利，2020 (06)：15-16.

云指出幸福河首先是一条平安的河，安全是人们对河湖的基本诉求，只有江河安澜，百姓才能安居，生活才能幸福；幸福河其次是一条健康的河，只有河湖健康，才能鱼翔浅底、沙鸥翔集，才能给人们美的享受；幸福河还是一条宜居的河，择水而栖，择江而居，千百年来浙江人民在水的哺育下繁衍生息；幸福河更是一条富民的河，靠山吃山，靠水吃水，水是浙江人民的产业之基，幸福河也是沿岸百姓产业兴旺的发展轴①。谷树忠认为，所谓幸福河湖，是指灾害风险较小、供水保障有力、生态环境优良、水事关系和谐的安澜河湖、民生河湖、美丽河湖、和谐河湖②。赵振峰指出，"幸福河湖"是在维持河湖自然结构和功能稳定的健康状态前提下，灾害风险较小，能够有效保障防洪安全，可持续提供优质水资源，支撑流域高质量发展，满足人民生产生活和经济社会发展的合理需求，实现人水和谐共生，让人民有安全感、获得感、满足感的安澜河湖、民生河湖、生态河湖③。

综合上述众多学者观点和见解可知，任何系统在自然界都不是孤立存在的，而是相互联系。河湖也是如此，其不仅仅是自然的河湖，而且是与人类社会紧密联系在一起的河湖。所以，"幸福河湖"应为"造福人民"的河湖，其具体内涵应从维系河湖自身的自然生态功能和对社会产生的社会功能两个方面出发并进行理解，一方面需要满足河湖生态系统需求，另一方面还要满足人们对河湖的需求与期待。

在实践层面，江苏、浙江、山东、山西、重庆等地正在加快推进幸福河湖建设。浙江省 2020 年 3 月部署启动"幸福河"前期谋划工作时指出，要努力把每一条大江大河都建设成为"平安、健康、宜居、富民"的幸福河，这明示了新时期幸福河湖的内涵，即平安、健康、宜居、富民。2021 年 4 月，浙江省启动了 2021 年度幸福河湖试点县建设，每个试点县建设周期为 2 年，对其幸福河湖建设提出了新的更高要求。2023 年 7 月 25 日，浙江省发布实施《浙江省全域建设幸福河湖行动计划（2023—2027 年）》，将从江河安澜达标提质、河湖生态保护提

---

① 马林云. 让幸福河滋养浙江大花园［N］. 中国水利报，2019 - 12 - 12（004）.
② 谷树忠. 关于建设幸福河湖的若干思考［J］. 中国水利，2020（06）：13 - 14，16.
③ 赵振峰. 关于推进幸福河湖建设的几点思考［C］//适应新时代水利改革发展要求 推进幸福河湖建设论文集. 2021：212 - 218.

升、亲水宜居设施提升、滨水产业富民、河湖管理改革攻坚等五个方面开展具体行动。按照浙江全省部署，各地陆续制定了有关幸福河湖的规范标准。比如，杭州市发布的《幸福河湖评价规范》所指幸福河湖的内涵主要包括水安全保障、水资源优质、水生态活力、水休闲魅力、水文化弘扬、水经济繁荣和水管理智慧等七个方面。湖州市南浔区发布的《平原区幸福河湖建设规范》和《平原区幸福河湖评价规范》中的幸福河湖是指，在各种复杂环境因素交互影响下，能够保持完整通畅的水系结构、种类多样的生物群落、长期稳定的调节机制、全面深刻的文化彰显、居民满意的生活环境的河湖。这样的幸福河湖既能满足行洪排涝要求，又能保持生态完整与动态平衡要求，还能保障人类社会可持续发展和美好生活合理需求。

江苏省各地立足本地实际，也在加快推进幸福河湖建设。南京市幸福河湖建设实践提出的"幸福河湖"图景是"河安湖晏、水清岸绿、鱼翔浅底、文昌人和"，具体来说内涵主要包括生态河湖、安全河湖、智慧河湖和文化河湖四方面。南京市编制的《南京市幸福河湖评价规范（试行）》中幸福河湖是指，具备自然流畅、水质优良、岸绿景美、生物多样等自然健康的生态系统；满足安全可靠、管理高效、人文彰显、惠民宜居等幸福可感的群众需求；由社会多元主体共谋共建、共治共管，让人民具有高度安全感、获得感与幸福感的河湖。宿迁市统筹抓好水安全保障、水资源保护、水环境治理、水生态修复等各项工作，全力建设幸福河湖"宿迁样板"，在全省率先出台的《宿迁市幸福河湖建设实施方案》中，明确了幸福河湖建设需坚持"人民至上、保护优先、系统治理、改革创新"四项基本原则，推动完成"防洪保安全、优质水资源、健康水生态、宜居水环境、先进水文化"五大方面建设任务，并由此提出幸福河湖的内涵应是"河安湖晏、水清岸绿、鱼翔浅底、文昌人和"的幸福河湖，也是为"美丽宿迁"建设增魅力的幸福河湖。泰州市出台的《幸福河湖建设实施意见》中的幸福河湖，是万水安澜护江城的安全之河、人水两利同相处的健康之河、近水康养惠民生的宜居之河、涉水生物可持续的生态之河、碧水环绕赋"乡愁"的文化之河、保障经济可持续发展的富民之河，也是推动实现泰州河湖从"自然美向灵动洁

浦江幸福河湖

净的水体美＋绿色文明的生态美＋自然开阔的空间美＋彰显文蕴的意境美＋安定吉祥的生活美"的"五美"飞跃的幸福河湖。

此外，2023年5月，山西省发布第2号总河长令《关于持续深化河湖长制 全面推进幸福河湖建设的决定》，从防洪保安全、节约水资源、健康水生态、宜居水环境、绿色水经济、先进水文化等六个方面提出了加快推进幸福河湖建设的具体要求；重庆市发布第5号总河长令《关于在全市实施幸福河湖建设"百千行动"的决定》，要求统筹推进水环境、水资源、水生态、水安全、水文化"五水共治"，持续整治河湖顽疾，提档升级河湖治理，打造具有区域特点、流域特色、重庆辨识度的幸福河湖，促进人水和谐共生。山东省淄博市研究制定的《淄博市"幸福河湖"评定管理办法（试行）》指出，"幸福河湖"是指淄博市境内实现安全流畅、生态良好、水清景美、文旅融合、人水和谐、共建共享、规范管理、宜居宜业的河湖。福建省莆田市出台的《幸福河湖评定管理办法》提出，幸福河湖是持久安全、资源优配、健康生态、环境宜居、先进文化、绿色富民、管理智慧的河湖。

从实践层面看，各地在推进幸福河湖建设过程中，既考虑了河湖自身健康的要求，更考虑了人类自身对幸福的追求。综合理论层面与实践层面对幸福河湖的理解，我们初步认为，幸福河湖是一个动态发展的概念，是在坚持人水和谐的基础上，可以维持自身健康，支撑区域经济社会高质量发展，确保流域永续发展，持续提高流域内人民群众安全感、获得感、幸福感与满意度的河湖。

0.2　幸福河湖的基本特征

从幸福河湖的内涵界定来看，幸福河湖不仅事关其自身的持续健康，也关乎人们对河湖各方面功能的需求和期待。因此，兼顾客观和主观两方面，才能更加全面、系统地对灾害风险较小、供水保障有力、生态环境优良、水事关系和谐的幸福河湖基本特征进行说明。综合考虑上述客观和主观两方面要素，可将幸福河湖基本特征概括为安澜之河湖、健康之河湖、生态之河湖、文化之河湖、富民之河湖和宜居之河湖。

1. 安澜河湖

安全是幸福的基础，没有安全，幸福无从谈起。江河安澜，是百姓对河湖最基本的诉求，是社会繁荣发展的基础支撑，是实现"幸福河湖"的首要保障和先决条件。进入新时代，水灾害防控面临新形势新任务，但"坚持人民至上、生命至上"的基本原则和理念没有改变。因此，安澜河湖应为幸福河湖之首要特征。其具体阐释是，贯彻落实习近平总书记的有关指示批示精神，"切实把确保人民生命安全放在第一位落到实处"，治理好、应对好江河湖泊的水患、水灾，不让洪涝等灾害导致百姓流离失所、社会动荡，"尽最大努力保障人民群众生命财产安全"。对标"江河安澜、人民安宁"的愿景，建设幸福河湖应积极实现防洪保安全，强化水利工程建设，规划、新建域内骨干河道治理、中小河道治理、病险水闸除险加固、小型病险水库除险加固等防洪减灾工程，规划实施河道清淤疏浚工程，提升河道防洪和排涝标准，补齐工程短板，织密防御之网；提升水旱灾害综合防治能力，完善防汛应急、洪水调度等各项预案、方案，加强预警和应急响应，提升雨情、水情和洪水监测预报水平，坚持科学调蓄洪水，建立健全应急协调联动机制，全面提升水旱灾害综合防治水平，以达到幸福河湖之安澜的基本特征。

2. 健康河湖

健康河湖侧重于河湖本身对生态与社会服务功能的满足程度，也关注生态系统的可恢复性，注重河湖生态系统与社会功能的平衡，强调自然与社会功能的可持续性，以达到人水和谐的境界。对标"人水和谐，健康共享"的愿景，根据河湖水网水系特点，统筹考虑河湖连通的必要性和可能性，增强水体自净能力，促进水体互联互通、活水畅流，建立"布局合理、蓄泄兼筹、循环畅流、引排得当、多源互补"的河湖连通体系，达到"引排功能完善、岸坡稳定牢固、岸线植被覆盖"；严格河湖空间管控，持续实现河湖水域与岸线生态系统的结构、过程及功能完整，在发挥可持续社会服务功能的同时，使其具有良好的抗干扰弹性。

3. 生态河湖

良好的生态环境是最公平的公共产品，是最普惠的民生福祉。生态河湖的重点在于河湖生态修复和治理，建立良性可持续发展的水生态系统。对标"鱼翔浅底、万物共生"的愿景，复苏河湖生态环境是幸福河湖应具备的又一基本特征。建设幸福河湖，打造生态河湖，就要立足保障河湖生态水量和流量，维持良好河湖水生态系统，持续完善河湖水生态保护系统，维系河湖空间稳定、水生生物栖息地完整、鱼类安全等，让河湖提供更多优质生态产品，以满足人民日益增长的对优美水生态需求，让河湖造福人类。

4. 文化河湖

文化河湖在于深挖河湖之水文化特色，对标"大河文明、精神家园"的愿景，积极发挥大河文化感召力与吸引力，将河湖融入文化特色，增添文化意蕴，实现幸福河湖的水文化特征。建设幸福河湖，加强水文化挖掘、保护和弘扬，加强水知识、水文化科普和宣传教育，营造公众共同参与的良好氛围，打造有文化气息的河流，满足人民日益提高的文化生活需求。同时坚持把根留住，开展古代水利建筑、水文化遗址普查，保护与修复古桥、古堰、古闸、古码头等涉水历史文化古迹，挖掘好河湖水文化，传承好治水精神，将河湖打造成有地域文化特色的风景旅游线，让看山望水成为人民群众的精神寄托，切实增强群众的幸福感和获得感。

5. 富民河湖

水是生命之源、生产之要、生态之基。对标"供水可靠，生活富裕"的愿景，幸福河湖同样也应具备富民河湖的基本特征。富民河湖的核心在于提供优质水资源，实现"供水可靠、生活富裕"，让人们喝上干净卫生的放心水，让第二、第三产业用上合格稳定的满意水，让农业灌上适时适量的可靠水，为人民提供更多优质的水利公共服务，持续支撑经济社会高质量发展。建设幸福河湖之富民河湖应满足：一是水资源禀赋良好。一方水土养一方人，水资源丰沛、水环境良好，水资源承载能力高，就可以养活更多的人口、灌溉更多的农田，支撑更大的城市与产业规模。因此，人口、耕地、产业与水资源相匹配、相均衡，是实现富民河湖的重要前提与条件。二是有效保障用水。河湖是重要的供水水源，直接关系人类生存、健康与发展。构建完善的供水体系，提供数量充足、质量达标、价格合理的水资源，实现饮水安全，保障工农业正常生产，使人民更加幸福。三是人民生活幸福富足。人民幸福富足是幸福河的主要衡量标尺，贫穷落后从来不是幸福河湖的图景。开发利用保护河湖要使人民分享发展成果，使人民更富足、更健康。

6. 宜居河湖

幸福河湖关乎满足人们对其的需求和期待，而宜居正是人们对河湖需要的体现。对标"水清岸绿、宜居宜赏"的愿景，幸福河湖应满足人们对河湖宜居特性的基本需求。打造宜居河湖，在于水环境宜居，重点是水陆域环境整洁宜居，以实现共建共享。一是水景观应自然简洁，达到与生态环境、历史风貌和文化底色相协调。同时应符合城市规划、市政建设和园林绿化要求，将河湖堤防、护岸、涉水构筑物等水利工程融入城镇景观和市民休闲场所。二是亲民便民设施，应根据居民对生产、生活、文化、娱乐等不同需求建设亲水设施，增加其完备性，包括亲水平台、亲水台阶、亲水慢行道（步行道、自行车道等）、小公园和配套设施等，为水清、岸绿、景美的宜居环境创造条件。

同时，伴随着新一代科技革命的到来，在建设幸福河湖方面应全面提高涉水数字化、网络化、智能化发展水平，构建自主可控、安全可靠的"智慧水务"链。充分利用5G、物联网、大数据、卫星遥感等先进技术，加快构建"智慧"水网体系，形成城乡一体、水岸联动、功能协同、数字互联的现代化浦江"智慧"水网格局。以骨干河道、城市水体、农村河网为主体，统筹考虑水环境、水生态、水资源、水安全、水文化和河湖岸线等方面的有机联系，打造水环境优美、水生态良好、水安全可靠的可知可感、宜居宜游河湖，增强人民群众对河湖环境的获得感、幸福感和安全感。

第1章
治水历史

　　浦江县位于浙江省中部、金华市北部，东北邻诸暨市可到杭州市、宁波市，东南接义乌市，西南与兰溪市毗连，西北和建德市、桐庐市接壤，县域面积920平方千米。古时候，浦江沿江溪一带常是春涨夏霉，时患水潦；依山丘之地则伏旱秋冽，频遭枯水，唐代杜荀鹤在《秋日泊浦阳江》诗中曾以"一帆程歇九秋时，漠漠芦花拂浪飞。寒浦更无船并宿，暮山时见鸟双归"来描绘当时沿江的荒凉景象。"天晴则水涸，天雨则湍急"，足见旱涝发生频率之高。人们沿江溪修堤筑堰，依山丘开塘蓄水，与水旱灾害斗争。在悠久的治水的历史长河中，浦江县的人们凭借着其智慧和勤劳通渠筑堰开塘，兴修水利水电工程，泽被后世（图1.1为古塘景色）。

图 1.1　古塘景色（傅华庭　摄）

1.1 浦江治水史

1.1.1 蓄水工程

浦江治水历史悠久,自古以来就利用浦阳江、壶源江及其众多支流筑堰引水,用水力、人力提水进行农田灌溉,但有效灌溉面积不到耕地面积的三分之一。中华人民共和国成立后,浦江兴建了众多水库和配套灌区,农田灌溉供水能力明显提升,有效灌溉面积占耕地面积90%以上,抗旱能力超70天的水田保证灌溉面积已占水田总面积的82%,充分发挥了蓄水工程的巨大作用。

1. 古代塘井、拗井

浦江历代都有兴修蓄水湖塘、水井,但"浦江地多高亢,唯塘堰以为潴蓄,然堰微塘浅,其修治开浚之功犹易为力,民间可自任之,无烦于官也"(图1.2为浦江"天塘")。

鹤塘(图1.3)为浦江记载最早的水利工程,相传在五代时即有西川吴氏来居其旁,至今已有1050年,且仍在发挥灌溉作用。清《康熙浦江县志》记载,鹤塘"灌田二千余亩,不知何代开筑,五代时有西川吴氏来旁居其旁"。《嘉靖浦江志略》记载:县东南一十五里曰鹤塘。道经谓双鹤自塘心戾天,因名。广袤数里,可注田二千亩。今属义门郑氏。

除鹤塘外,浦江最有名的当属"三湖"。"三湖"指东湖塘、椒湖塘与西湖塘,时位于浦江县通化乡,今属兰溪市梅江镇。钱遹是浦江历史上的名人,官至工部尚书。北宋天圣年间(1023—1032年),钱尚书的太公钱侃,带头在其家附近修建东湖塘。大观二年(1108年),钱遹修筑东湖,并筑西湖,东湖在县西南三十五里,西湖在县西南四十里。政和元年(1111年),钱遹筑堤,名椒湖,在县南三十五里,时称"三湖",可灌溉田地十五里,闻名乡里(图1.4为明《嘉靖浦江县志》关于"三湖"的记载)。

浦江幸福河湖

图 1.2　浦江"天塘"①

图 1.3　鹤塘

①　文中图片如无特别说明，均由浦江县水务局提供。

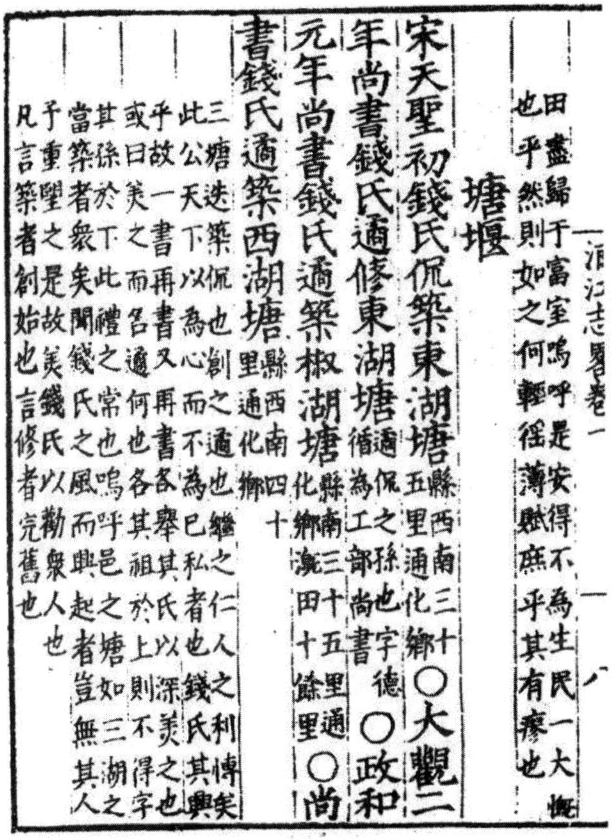

浦江志畧卷一　一八

田盡歸于富室嗚呼是安得不為生民一大慨也乎然則如之何輕徭薄賦庶乎其有瘳也

塘堰

宋天聖初錢氏侃築東湖塘縣西南三十五里通化鄉○大觀二年尚書錢氏遹修東湖塘遹侃之孫也字德循為工部尚書○政和元年尚書錢氏遹築椒湖塘縣南三十五里通化鄉溉田十餘里○尚書錢氏遹築西湖塘縣西南四十里通化鄉

三塘迭築侃也創之遹也繼之仁人之利博矣此公天下以為心而不為已私者也錢氏其興乎故一書再書又再書各舉其氏以深美之也或曰美之而名遹何也各其祖於上則不得字其孫於下此禮之常也嗚呼邑之塘如三湖之當築者衆矣聞錢氏之風而興起者豈無其人予重望之是故美錢氏以勸衆人也凡言築者創始也言修者完舊也

图 1.4　明《嘉靖浦江县志》关于“三湖”的记载
［图片来自浦江县地方志编纂室（数字档案备份中心）］

明嘉靖时，知县毛凤韶作《筑塘解》，提出“救荒无他奇策，不如讲求水利，惟邑负大山，山险地狭，土壤硗瘠，民业不振，天时一不至即告旱叹，水利尤当讲也，田无溪堰者则为塘，如田五亩相连，则将上一亩筑塘，田散落，则每丘一小塘，大约以十分为率，将二三分之。积四时之水为一时之用，何愁于旱。田有塘，则永有秋，粪多力勤，所利足以补所伤矣，若惜田不为塘使，终不旱则可，旱则并弃之矣”。毛凤韶提出“浦江水仓”的做法与作用，即“积四时之水，为一时之用，何忧于旱”“田有塘则永有秋”。“浦江水仓”集引水、集水、蓄水、车水诸多功能于一身，一次次帮助浦江人度过旱灾。

民国二十四年（1935年），沉湖乡张竹林等人，为沉湖塘年久失修而发起修浚，并组成水利会，按受益田亩自筹资金480元。珠山后、傅店、前王宅等村300余人参加修浚，至民国二十六年（1937年）竣工，可灌田700亩。

巧溪一带地质为砂砾地层，保水能力极差，"十日之雨则病水，一月不雨则病旱"。巧溪村人在巧溪滩卵石滩垒石淘拗井，立杆作桔槔，为稻田灌溉辛苦劳作。在古时候，没有水库、渠道等农田水利设施，完全依靠拗井取水灌溉，因此南山一带遍布拗井。由于拗井数量太多，一不小心，就有行人掉入拗井，因此外地客在南山脚走夜路，须在腰间横绑一根扁担，即使一脚踏空，扁担也可把人搁在井口，可化险为夷。拗井上小下大，多取块石、鹅卵石或松木筑成。井旁竖一根数丈高的木头，横杆架在竖杆上，随竖木上下自由转动，中间是支点，末端挂一个重物，前头悬吊一个水桶（俗称拗桶）。每天能灌田2亩左右，有"日日三百桶，夜夜归原洞"之说。

2. 水库

（1）通济桥水库。通济桥水库（图1.5、图1.6）位于浦阳江上游前吴乡通济桥村南，因坝址内有通济桥而得名。通济桥水库于1958年12月5日开工，1960年9月20日，通济桥水库大坝主体完工，后又相继建成溢洪道、输水渠道、电站等工程并开展相应除险和配套改造。通

图1.5　通济桥水库晨曦（何敏　摄）

济桥水库是浦江人民在困难时期铸造的一座丰碑。全体工程建设者以愚公移山的精神，筚路蓝缕，历时三年，终于建成了浦江历史上最大的水利工程，一举解决了下游旱涝不保收的问题，减少了洪水灾害。2015年，通济桥水库进行生态清淤。完工后，整个库区成为饮用水水源保护地。通济桥水库的历史又翻开了新的篇章。

图 1.6　通济桥水库清淤俯瞰（何敏　摄）

（2）金坑岭水库。金坑岭水库（图 1.7），位于浦阳江支流东溪上游，仙华街道板桥村北，因地处金坑岭山麓而得名。金坑岭水库是以灌溉、供水为主，结合防洪、发电等综合利用的中型水利工程，也是20世纪 70 年代末浦江"西水东调"工程的重要组成部分。金坑岭水库是浦江县城乡一体化供水和集中式饮用水水源地，是浦江县水库型饮用水水源一级保护区，总库容 2160 万立方米，担负供水人口 33.8 万人。

（3）仙华水库。仙华水库（图 1.8）位于浦阳江东溪仙华山脚，既是跨流域引壶源江水入库的水利水电工程，也是与金坑岭水库联合运行，以供水、灌溉为主，结合发电的水利水电工程。仙华水库主要解决了浦阳、仙华、浦南、黄宅、郑宅等 5 个镇（街道）的饮水和农田灌溉用水问题。

（4）小（1）型水库。浦江县现已建成小（1）型水库 12 座。大多数的小（1）型水库在 20 世纪 50—70 年代建成，经除险加固，为各乡

图1.7 金坑岭水库（何敏 摄）

图1.8 仙华水库（何敏 摄）

镇农田灌溉、防洪、供水发挥了主要作用。尤其是浦江盆地范围内小型水库与通济桥、金坑岭水库联合运行，发挥着应急供水、辅助调节等作用。

1）岳塘水库。岳塘以前不是水库，也不叫岳塘，旧称鹤塘，因相传有白鹤自塘中飞天而得名，是古代有记载的为数不多的大塘之一。1953 年，国家开始实施第一个五年计划，浦江县以互助组、农业社为单位组织劳动力，筹集资金和材料，在山岙建库筑塘。岳塘水库自 1954 年 10 月动工，至 1955 年 5 月建成，是浦江第一座小（1）型水库。岳塘水库主要靠浦阳江中山橡胶坝引水入库，水库工程设计标准 50 年一遇，校核标准 300 年一遇，总库容 126.6 万立方米。1964 年，通济桥水库中渠利用岳塘水库引水渠扩建而成，其灌区划归通济桥水库灌区统一管理。

2）金狮岭水库。金狮岭水库位于浦阳街道金狮岭村西，城东村东，浦阳江流域严家山小溪上。水库工程原设计标准 20 年一遇，校核标准 200 年一遇。安全加固后设计标准 50 年一遇，校核标准 500 年一遇。金狮岭水库自 1955 年 11 月动工，发动受益的冯村、大许、后谢、中埂、永世、金狮岭等村的劳动力，于 1956 年 5 月建成，校核库容 120 万立方米，灌溉面积 3700 亩。1964 年，通济桥水库中渠利用金狮岭水库引水渠扩建成后，金狮岭水库灌区划归通济桥水库灌区统一管理。

3）石姆岭水库。石姆岭水库位于浦阳江支流芦溪中游郑宅镇石姆岭脚村北 300 米峡谷处。水库工程设计标准 50 年一遇，校核标准 500 年一遇，总库容 213 万立方米，灌溉面积 7500 亩。石姆岭水库自 1957 年 11 月施工，发动受益区内 21 个村的劳动力，于 1959 年 4 月完成了大坝枢纽工程。在水库建设过程中，浦江县积极协调各方利益，妥善处理石姆岭水库淹没等相关问题，使得石姆岭水库淹没政策处理得到全面落实，确保工程效益的发挥。

4）里坞水库。里坞水库位于浦阳江支流里坞溪上游大溪公社竹窠头自然村南 300 米的峡谷处，水库工程原设计标准 20 年一遇，校核标准 200 年一遇。安全加固后设计标准 50 年一遇，校核标准 500 年一遇，总库容 125 万立方米。水库施工过程中发动受益的大溪、浦南、五一、前于、群生、狮岩和城南等 7 个村的劳动力，自 1957 年 10 月动工，于 1959 年 10 月基本完成大坝主体工程。但水库并没有按设计标准施工，坝高欠高 1 米，坝身单薄，夯实质量差，长期被列为病险水库，限制蓄水 68 万立方米，灌溉面积 2400 亩。1960—1966 年，按照设计标准整修坝坡，加高加固大坝，对大坝进行全面整修加固。下游坡按设计标准做好斜卧式倒滤层并与原建倒滤层紧密衔接。1972 年通济桥水库南干渠 "80" 线建成后，里坞水库灌区划归通济桥灌区统一管理。

5）白石源水库。白石源水库位于浦南街道白石源口村西南侧浦阳江支流巧溪上游白石源峡谷处，水库工程原设计标准 20 年一遇，校核标准 200 年一遇，安全加固后设计标准 50 年一遇，校核标准 500 年一遇，总库容 230 万立方米。水库自 1957 年 10 月 15 日动工，发动平一、平二、金星、宋溪、西张、横塘 6 个村的劳动力，于 1963 年 3 月大坝按设计高 31 米完成施工。因条石拱涵严重漏水，当时被县、地区防汛指挥部列为病险水库，限制蓄水 65 万立方米，灌溉面积 6100 亩。

6）丽水源水库。丽水源水库位于浦南街道丽水源村南，浦阳江支流丽水溪上游，发源于义乌大峰山北麓。水库工程原设计标准 20 年一遇，校核标准 200 年一遇。安全加固后设计标准 50 年一遇，校核标准 500 年一遇，灌溉面积 8000 亩。水库自 1957 年 10 月 15 日动工兴建，发动受益的朱云、三村、洪田畈、潘宅、万田、四村、黄都、余间、长春、泥山、华墙、胡山、丽水、五村、七村、八村等 16 个行政村的劳动力，于 1963 年 3 月建成。1972 年 6 月，自通济桥水库南干渠 "80" 线建成后，通济桥南干渠利用东西干渠扩建加固而成，灌区划归通济桥水库灌区统一管理，本库灌溉面积缩小到 1960 亩。

7）周西坞水库。周西坞水库位于原石马公社前王宅村西侧，属浦阳江支流石马溪（又名桃岭溪）的前王宅小支流上游，主要靠引桃岭溪水入库。水库工程设计标准 50 年一遇，校核标准 500 年一遇，总库容 109 万立方米，灌溉面积 3100 亩。水库施工过程中发动受益的沉湖、朱山、珠红、白林、石马等 5 个行政村的劳动力，自 1972 年 10 月 5 日动工兴建，于 1976 年 6 月建成。

8）茶坞里水库。茶坞里水库位于杭坪镇杭坪村西茶坞里溪上游。自 1954 年 11 月动工兴建，由壶江区政府组织发动全区民工投劳，1959 年完成，受益范围为杭坪大队，灌溉面积 1500 亩。由于原有规模不能满足农业生产发展的需要，后进行扩建。水库工程原设计标准 20 年一遇，校核标准 50 年一遇，扩建后设计标准 50 年一遇，校核标准 500 年一遇，总库容 124 万立方米，灌溉面积 1500 亩。

9）外胡水库（图 1.9）。外胡水库位于杭坪镇外胡行政村，壶源江支流东岭溪下游，坝址地质为侏罗纪黄尖组流纹斑岩。河谷地形不对称，左岸高程不够高，右岸地形开敞，呈阶梯形。水库工程按 50 年一遇洪水设计，500 年一遇洪水校核。水库灌溉壶源江两岸杭坪、虞宅、大畈、檀溪 4 个乡（镇）20 个行政村的 10500 亩，是西水东调工程中的一项蓄水、引水骨干工程和重要调节水库。水库于 1977 年 8 月动工兴建，水库坝型为双曲拱坝，1987 年 10 月，除消力池外全部工程竣工。

图 1.9　外胡水库俯瞰（赵黎　摄）

10）和平水库。和平水库位于黄宅镇浦阳江支流和平溪上游和尚楼村附近的峡谷处，水库工程设计标准 50 年一遇，校核标准 500 年一遇，灌溉蒋村、应店、八联、东一、红星、胜利、张官、项店、宅口、戚村桥、坑塘、上余、楼间、下湖、刘铁、东塘等行政村，灌溉面积 7820 亩。通济桥水库南干渠"72"线和"80"线开通后，实际灌溉面积 3600 亩，是一座以灌溉为主，兼具发电、养殖综合功能的水利水电工程。

11）金山水库。金山水库位于郑宅镇浦阳江支流白麟溪分支后溪上游的金山与乌龟山峡谷处。水库工程设计标准 50 年一遇，校核标准

500 年一遇。水库于 1977 年 9 月 13 日动工兴建，但由于移民和土地损失等合理负担政策在多数受益行政村没有及时落实，第一期施工方案被迫停工。为满足群众继续修建需求，浦江县政府和郑宅镇政府根据受益行政村干部群众的要求，1997 年 11 月动工，明确续建金山水库受益范围是农田灌溉用水紧张的东明、后溪、安山、丰产、枣园、上郑、五房、冷水、东庄、下畈等行政村，共计灌溉面积 4458 亩，于 2003 年 10 月竣工。

12）里傅水库。里傅水库位于白马镇里傅村北约 0.6 千米的浦阳江支流下柳溪的分支里傅溪上。水库工程设计标准 50 年一遇，校核标准 500 年一遇。里傅水库是解决浦江城乡供水的《浦江县甘泉工程总体规划》中第一座小（1）型水库，以农村供水为主结合灌溉的工程，受益范围是白马镇的五丰、利丰、永丰、新何、豪墅、石渠口、刘店、兰塘、夏张、祝宅、柳宅、长地、浦东、塘角、里傅等 15 个行政村和霞岩经济开发区，供水人口为 24998 人，灌溉面积 368 亩。该水库 2007 年 6 月 16 日开始施工，于 2008 年 10 月 16 日竣工。

（5）小（2）型水库。库容 10 万～100 万立方米的水库为小（2）型水库。至 2008 年年底，浦江县共有 51 座，其中浦阳江各支流有 35 座，壶源江各支流有 16 座，受益行政村 78 个，形成了全县星罗棋布的水库网络。小（2）型水库主要解决了浦江山区山垅易旱农田和通济桥、金坑岭较大灌区内高畈农田灌溉用水问题，同时解决了部分地区人畜饮水困难的供水问题。小（2）型水库绝大部分建于 20 世纪 50—70 年代，以行政村为单位或几个行政村联合自力更生建成的，而且多数工程基础是小（3）型水库扩建加高筑成的。由于受到当时施工设备、技术、资金、物资等条件限制，施工质量较差，虽历经数年加固处理，但由于工程设计标准低，加上运行三四十年，水库进入病险多发期，急需进行除险加固。浦江县在 2003—2008 年期间，对象鼻头、沉湖塘、后印、梅坞、后虎塘、大箬溪、小箬溪、塘坞坑、丰收、湖塔、三亩、寺后塘、老坞、大坞里等 20 座水库进行除险加固，安全状况大有好转。

（6）小（3）型水库和山塘。按水利部标准，蓄水 10 万立方米以上的工程，称为水库。但在浦江农村，把蓄水 1 万～10 万立方米的蓄水工程，称为小（3）型水库，蓄水 1 万立方米以下的称为山塘。据 1985 年水资源普查资料和 1984 年渔业资源普查资料，浦江县拥有小（3）型水库总计 421 座，受益行政村 232 个，灌溉面积 38132 亩；山塘水库 11962 座，其中屋边塘 1842 座，田间塘 8470 座，筑坝蓄水塘 1650 座，灌溉面积 29835 亩。山塘水库的灌溉面积属于山垅易旱田，而且大部分面积与水库灌溉面积重复。山塘水库相当数量是历代建成的老塘，至今屡有修整，还继续发挥作用。

1.1.2 引水提水供水工程

1. 堰坝

堰坝引水灌溉，简单易建，浦江农民素有筑堰引水灌田的传统。古堰多以大砾石砌筑护面防冲，黏土筑防渗墙，砂石料填筑堰身，下游滚水面坡度较缓。民国时期，修筑堰坝仍是浦江各地农村引水灌溉的一项重要措施。民国十七年（1928 年），平安乡石埠头村农民在浦阳江修建共和堰，堰高 2 米，长 60 余米，灌田 1200 亩。浦阳江、壶源江浦江段干流及其支流，河网密度较高，历代的古堰坝较多，其中较为著名的有席场堰、仙华堰和石陵堰。

席场堰，位于虞宅乡虞宅村的壶源江江道。建于南宋宝庆年间（1225—1227 年），堰高 1.4 米，长 80 余米，灌田 437 亩。后屡有整修，至今仍在发挥灌溉作用。

仙华堰，位于仙华街道天仙塘村西南中埂溪上。建于明嘉靖四年（1525 年）冬十月，知县毛凤韶修筑，堰高 1.8 米，堰长 16 米，灌溉七里、天仙等村 600 余亩农田。通济桥水库北干渠建成后，仙华堰成为北干渠跨中埂溪的防洪、引水堰坝。

石陵堰，位于浦阳街道石陵村西浦阳江上。1964 年 4 月，通济桥水库南干渠"72"线进口自石陵堰起，至治平乡马塘陡坡止，全长 15.71 千米，灌溉面积 19700 亩。1973 年 6 月，改建成活动堰，堰高 1.5 米，长 45 米。

浦江近千年历史的嵩溪村，在双溪里筑"阴阳坝"，铺松木建水仓，以供时需。穿村而过的溪流一明一暗，一阴一阳，用石灰石拱券结构搭建穹顶，大块青石铺设河床，形成总长七百多米的暗溪石涵道。暗溪两侧以石灰石整齐砌岸，顶部和河底采用拱券技艺。这些拱券并不统一规整，跨度最宽处超过 4 米，最窄处 2.3 米，桥洞最高处为 4 米，最低处 1.6 米，有的拱顶弧度非常小，几乎呈水平状。在暗溪的底部，用大块青石铺底，形成"人工河床"，防止水流冲刷掏空河床。整条暗溪犹如一个两头无盖的套筒，顶、壁、底连成由天然石材建成的防洪排涝体系。石涵道根据村民需要每隔百余米共设置了 8 处开口，以便取水、盥洗、洗浴、防火和纳凉。开口处拦有小堰坝，形成了高低落差，将河水自然分成浅水区、深水区及取水区等功能部分。浅水区在 10～30 厘米深，主要为洗衣、洗菜等用。深水区在 50～100 厘米深，主要为洗浴或洗涤大件物品用。取水区村里人俗称"水孔"，为村民千百年来的饮用水源，以长条石砌成取水埠头，上有石拱遮顶，既能防止污物入井，还能为取水洗涤的村民遮风挡雨。暗溪里水质清澈，鱼虾成群。村民千年约定俗成，早上取饮用水，中午洗衣洗菜，晚上洗浴，而粪桶等秽物必须去村外清洗，否则会让村民唾骂（图 1.10、图 1.11 分别为嵩溪明溪和嵩溪暗溪）。

图 1.10　嵩溪明溪

禁堰碑（图 1.12）为清末宣统时期的石碑，碑文"禁为双溪三源全赖堰坝蓄水以溉田稻因为立禁谷雨以后立秋以前不准顺放柴薪竹木以

浦江幸福河湖

图 1.11 嵩溪暗溪

固堰坝而保田稻毋违特谕"，是浦江古人重视水利的重要见证。

　　古时，浦江山区有利用水力顺放木头的传统，即在发大洪水时把堆在岸边的树木推入水中，任其漂流到下游，再在下游捞起。顺水放木，虽节省了木材运输的人力，却容易破坏沿线的堤防堰坝。以前没有水库调峰补枯，也无法依靠电力抽水灌溉，农田用水依靠陂堰引水。俗语道"清明撒谷子，谷雨忙耕田""秋前三天不割稻，秋后三日割不了"，谷雨至立秋正是单季稻用水期。在这个时段，一旦顺水放木导致堰坝冲垮，则全年收成无望。鉴于此，当朝政府以"禁堰碑"的形式作出规定，当地依靠堰坝蓄水灌溉的稻田，在谷雨以后立秋以前不准顺水放木，从而保护堰坝，保障稻田灌溉。

　　2. 水渠

　　登高村人从 700 米高山凿石 2 千米，建"天渠"（图 1.13）引水，饮用、洗濯、灌溉、消防、消暑，一水多用，物尽其用。

　　郑氏同居第十五世祖郑崇岳所建白麟溪上"十桥九闸"，实行水系连通，将深溪之水引至麟溪，通过"水陆并行，河街相邻"，建成沿河店面，形成郑宅镇滨河带状街道格局。"十桥九闸"沟通河道两岸交通，方便族人出行。水闸乃以松木条插入两侧河堤石槽而成，可以自由调节水位，作为消防用水储备，兼具灌溉、防洪、抗旱、洗濯、取水等综合

浦江幸福河湖

图 1.12 禁堰碑（清宣统二年）

功能。"十桥"自上到下分别为：存义桥、集义桥、旌孝桥、旌义桥、和义桥、承义桥、崇义桥、眉寿桥、通舆桥、义门桥。崇义桥是白麟溪"十桥"中建筑级别最高的一座桥梁，是郑氏家族以儒治家、奉行孝义的重要实物例证。"九闸"自上游至下游分别位于集义桥下、板桥下、旌义桥下、和义桥下、承义桥下、天神阁前、群义桥上、义门桥下和郑

图 1.13 天渠

公桥下，十桥与九闸并非一一对应，而是互有错落。其中前七座水闸在主镇区范围，以满足生活和消防需要为主，义门桥下和郑公桥下的两座闸以农田灌溉为主。

在旌义桥至和义桥之间河底，建有河底水仓。水仓是浦江古代特有的水利工程。水仓，有些地方又称为"水孔""水窖"，一般布设在河床内有岩隙渗水之处，四壁以块石和松木叠砌，上小下大，长宽深浅随地形而不同，最深的有 4 米多，有截水和蓄水功能。水仓上盖覆有松木，防止河沙淤积。只有在遇到极端干旱年份，河里没有明水时才会打开，以水车接力进行提水灌溉。

3. 灌溉

1956 年 6 月，浦江开始引进机械灌溉，而后开始发展电力灌溉。20 世纪 60 年代中期，富春江水电站向浦江电网供电后，电灌机埠星罗

浦江幸福河湖

棋布，遍及全县各乡镇。为发展浦江灌溉事业，1956年6月，在浦阳南桥头殿举办首届机灌培训班，学员20多人。1959年，浦江浦东、黄宅、浦阳、壶江、普丰等5个区成立抽水机站，分管各区的机灌工作。至1969年年底，浦江拥有柴油机308台4326马力[①]，机灌面积11915亩。1965年3月，通济桥水电站建成供电，装机容量1560千瓦。同期，省水利厅批准兴建城北、黄塘山二级，蔡横塘、坦塘二级，石马一级等五处第一批电灌机埠，提取通济桥水库北干渠的水灌溉农田5560亩。1967年5月，黄宅变电所建成，富春江电站的电送到浦江，1968年建成郑家坞一级、二级电灌工程，灌田3500亩。1969年5月，浦江兴建前吴、花桥、东塘三级电灌机埠，灌田2100亩。1969年年底，浦江全县电灌装机容量达48台1247.6千瓦，灌溉农田20000亩。

20世纪70年代，浦江大力发展小型电灌机埠，解决离江较远、地势较高地区的农田灌溉用水。由于在浦阳江、壶源江、大陈江两岸已兴建了一批小型电灌机埠，可以发挥多级小型机埠提水，为了降低成本，机灌逐步被淘汰。通济桥水库灌区利用中埂溪、岳溪、蜈蚣溪等小溪回归水源，在小溪两岸发展了一批小型电灌机埠。1979年年底，全县电灌面积达47065亩。

20世纪80年代，浦江施行小型电灌机埠进行补点配套，推广节水的喷灌。随着农村经济发展与产业结构的调整，丘陵地区兴建了一批喷灌示范工程。1988年，原七里乡红旗村利用金坑岭水库发电涵洞出口正常设计水位与橘园地的落差，兴建自压固定喷灌工程，不仅灌溉橘园500亩，同时利用主管道兴建自来水，解决了全村2000余人的生活用水问题，成为金华市第一座喷灌面积最大的自压综合喷灌工程。1989年年底，浦江全县安装自动喷灌机17台，灌溉面积达1277亩。

20世纪90年代，为了提高农业区域综合效益，降低电灌提水成本，浦江自1990年开始实施农业综合开发项目，到2001年4月共新建、更新改造小型机埠20处。同时，针对多数机埠已运行了二三十年，设备陈旧老化、损坏严重的现象，更新加固了37处机埠。通过加强维修管理，提高了设备使用效率。随着金坑岭、周西坞、和平、金山等水

① 1马力≈735瓦特。

库自流灌溉面积的不断扩大以及城镇工业园区的发展，石马二级，城北一级、二级，蔡横塘一级，坦塘二级，郑家坞一级、二级等机埠自然报废。这不但降低了农业灌溉用水成本，同时减少了自流灌溉与提水灌溉的用水纠纷，大大提高了浦江灌溉效益。

进入 21 世纪以来，到 2008 年年底，浦江拥有 5.5 千瓦以上固定机埠 154 处，提水灌溉面积 4.5417 万亩，灌溉渠道长 87.52 千米。

通济桥水库灌区工程始建于 1960 年，由于运行年久，渠道老化严重，渠水利用系数较低，严重制约灌区水资源利用和农业生产发展。通济桥灌区总干渠（图 1.14）工程于 2009 年 7 月开工建设，包括总干渠渠道衬砌改造以及水闸、人行便桥与机耕桥等渠系配套建筑物的改造和建设。工程于 2010 年 7 月 31 日完工，大大便利了通济桥水库灌区下游农村的农田灌溉。

图 1.14　通济桥灌区总干渠（图片来自"浦江发布"）

4. 供水

改革开放以后，随着浦江经济快速发展，供水不足和江河污染矛盾日益突出。1988 年年初，浦江县动工兴建金坑岭水库自来水厂（图 1.15 为金坑岭水库），以替代水源严重不足的原浦江自来水厂，于 1994 年年底实现二期工程竣工，日供水能力达到 3 万立方米。2003 年年初，浦江县新建日供水能力 12 万立方米的仙华自来水厂。2005 年 6 月，日供水能力6万立方米的一期工程建成通水。2005年8月，浦江全县实施"千万农民饮用水工程"，并把此项工程命名为"甘泉工程"（图1.16为浦江骝马"出战""甘泉工程"建设）。2006年，编制了《浦江县甘泉工程总体规划》，其中明确全县范围因地制宜地推行三种供水模式：

一是城乡一体化供水。利用金坑岭和仙华两座中型水库作为水源，通过城市管网延伸，对浦阳、浦南、仙华、黄宅、郑宅、岩头六个街道（镇）吴淞高程80米以下的村，实行城乡一体化供水，规划受益人口18万人。

二是水厂连片供水。新建、改造日供水千吨及以上小型水厂，在一定区域范围水厂连片供水，规划受益人口5万人。

三是单村供水。山区或半山区的村，通过建设拦、滤、引、蓄等小型水利工程，实行单村供水，就地解决饮用水问题，规划受益人口13万人。

图1.15 金坑岭水库（图片来自"诗画浦江"）

通过实施"甘泉工程"，到2008年年底，浦江全县共208个行政村实现了通水，受益人口22.23万人，新建和扩建郑家坞、周西坞镇2座水厂连片供水，新建集水滤池和蓄水池234座，总蓄水量1.02万立方米。截至2011年年底，全县有401个行政村建成通水，解决饮水困难

图 1.16 浦江骡马"出战""甘泉工程"建设（图片来自"爱浦江"）

人口 31.05 万人，占全县总人口的 78.8%。

1.1.3 防洪工程

1. 浦阳江防洪治理

浦江向来重视防洪治理。历代在浦阳江两岸局部地段，由受益村户联合，以砂砾石堆筑防洪堤，用篾笼装鹅卵石，建筑丁坝保护农田。

清代以前，江堤建设与筑桥相连，北宋元符二年（1099 年），钱遹筑大南桥和江堤，元至元二十三年（1286 年），吴渭建吴公桥（通济桥），两岸筑堤半里许（今在通济桥水库淹没区内）。元至正四年（1344年）筑浦阳江桥，并修浦阳江堤 300 余丈。民国时期，浙江省政府和水利部门曾对浦阳江和壶源江进行测量规划，成立相应的修筑委员会和水利委员会。关于浦阳江治理，民国三十五年（1946 年）浦江洪灾严重，县政府以工代赈修复江堤 12 处，也曾草拟治江计划，但多以"工程浩大，需费不赀，又非短期所可济事"而罢。江堤修复多靠受益村户联合自建，以砂石堆筑，用篾篓装鹅卵石护坝，冬修夏坍。中华人民共和国成立后，浦江针对浦阳江的全面整治拉开帷幕。1965 年 6 月至 2008 年 12 月，先后进行了三次规模较大的系统治理。

（1）第一次治理（1966 年 3 月至 1968 年 12 月）。浦江认真贯彻关于对浦阳江流域的山、水、田进行全面规划、综合治理的指示精神，成立了浦阳江综合治理办公室。通济桥水库拦洪后，浦阳江部分溪滩地改为耕地，所以两岸堤距较小，只能安全行洪 5 年一遇洪水，有些地段进行了局部切滩，工程量大。最终新建防洪堤防和险要地段干砌块石护坡，共计完成砂石堆筑干堤长 27728 米，干砌块石护坡、浆砌块石护脚 3521 米，坝头保护堤岸 12 处，开挖平整溪滩 137 处，新建和加固堰坝 24 条，涵闸 19 座，改溪造田 2100 亩。这次防洪治理为后来的浦阳江治理提供了宝贵经验。

（2）第二次治理（1972 年 6 月至 1979 年 12 月）。这次治理是对浦阳江干堤和支流进行治理，治理的重点在于提高两岸的防洪标准。浦阳镇城区防洪堤按 20 年一遇洪水设计，50 年一遇校核加安全超高 1.3 米。黄宅、白马镇区段堤防按 20 年一遇洪水设计，加安全超高 1 米。其他地段（包括前吴、花桥等通济桥水库上游）按照 10 年一遇洪水标准设计，加安全超高 1 米。具体治理措施如下：浦阳城区和黄宅、白马镇区截弯取直段堤防，采取加深河槽，同时两岸或局部退堤；有的地段，两岸同时退堤，加高加厚防洪堤；凡是右岸靠山脚地段，左岸加固加高堤防，同时清理山脚留出山坡和加深加宽河槽。沿江两岸共清除互相冲击的丁坝坝头 150 处。在火圣岩、马桥头、石宅、湖山、钟村、新宅等重点地段截弯取直，改溪滩造田 1276 亩。新建石陵、城南、金狮岭、石埠头、钟村等活动堰坝 5 座。上皇殿、胡山、蒋村、马桥、群丰、马桥七十治头、马桥东塘相接处等修筑浆砌块堰坝 7 座。马桥、同乐、群丰、同桥、毛桥、城西、城南、石埠、曹街、严店、下岩等修筑钢筋混凝土预制平板桥 11 座。群丰、下余、新宅等处建石拱桥 3 座。大许、长春、彭村等处建钢筋混凝土桥 3 座。干砌块石护坡、浆砌块护脚堤岸，计长 27204 米。

（3）第三次治理（1991 年 6 月至 2004 年 4 月）。为使原有堤防保护标准适应社会经济发展的要求，按照 50 年一遇洪水标准设计，对浦江城区段进行第三次整治。浦阳江浦江段进行第三次整治新建、加固防洪堤的同时，浦江县交通部门配合水利部门改建、新建了翠湖、城西、南平、和平、浦阳、中山、三桥、四桥、平七、大许、潘宅、新黄治、普义、新宅、下于、曹家、严店、兰塘、塘里等 19 座钢筋混凝土板梁式大桥。

2. 壶源江防洪治理

壶源江干支流上历代断续建有防洪堤，宋时，毛日严等建席场诸桥兼江堤。民国二十九年（1940 年），先后修筑堤坝埂 600 米，水堰和溪塍 8 处，经费多属自筹。据史籍记载，民国二十三年（1934 年），浦江遭受大范围持续旱灾，石西民在《亢旱后的浦江农民生活》一文中写道："乡村的溪流中再也看不见半点水，农民们除了每日老远去寻找点吃的水以外，只能眼巴巴地看着那禾苗枯槁下去，靠农民的手足胼胝是根本抵御不了灾荒袭击的。"中华人民共和国成立后，壶源江防洪治理力度加大，江道治理的效果显著。

1976 年至 1979 年 8 月，石宅公社石宅、后阳、派顶等村，按照 10 年一遇洪水标准，沿壶源江两岸，新建护砌堤防长 1.36 千米。平湖公社黄方、前方、外罗、城头、洪山、下毛店、潘家、周家、大阳等 12 个村，对壶源江两岸进行治理，新建加固防洪堤防长 2150 米。1985 年外胡水库建成后和西水东调工程壶源江杭坪拦河坝发挥效益，壶源江 35 处险要地段先后进行加固，壶源江浦江段 36.07 千米长堤防得到了新建和维修加固，占总长的 73.91％，保护农田 5213 亩。2004 年 5 月至 2005 年 12 月，按 20 年一遇洪水标准，对壶源江杭坪、虞宅、大畈、檀溪等乡镇段堤防进行护砌加固，采用浆砌块石挡墙式护岸，混凝土压顶。

3. 重要乡镇防洪工程

在浦江历来的治水历史中，乡镇防洪亦是重点项目，同样备受重视。以下简要介绍黄宅镇区防洪工程、白马镇区防洪工程和郑家坞镇防洪工程。

（1）黄宅镇区防洪工程。黄宅镇是浦江东南部重镇，其防洪范围为西起蜈蚣溪左岸，东至新宅村，北接通济桥水库中渠右侧山脚，南依下胜公路和杭金高速公路北侧山脚。黄宅镇区的防洪工程主要有浦阳江干流防洪堤工程，干流河道拓浚工程，干流阻水桥、堰坝改扩建工程，蜈蚣溪整治工程，上宅至彭村截弯取直，义乌溪整治工程，平溪整治工程。

（2）白马镇区防洪工程。白马镇是浦江县东部重要建制镇，其防洪范围为东至球山，西接柳宅、夏张，北靠白马溪右岸，南依兰塘、下水龙山脚，浦阳江从中偏东南穿过。2004年5月至2005年12月，白马镇政府按20年一遇洪水标准，建成左、右两岸防洪堤长1.94千米，占白马镇区段两岸防洪堤总长的46%。白马镇区防洪规划工程主要有浦阳江干流防洪堤工程，干流合济桥上下游束窄段疏浚，白麟桥汇合口—新合济桥段100米退堤、新合济桥—白马溪汇合口110米退堤，支流碧溪防洪堤和河道疏浚、拓宽以及向白马溪分洪工程，支流白马溪防洪堤，局部疏浚工程。

（3）郑家坞镇防洪工程。郑家坞镇区地处杭金、浦郑公路交会处，浙赣铁路通过，杭金衢高速公路在此设互通口。1995年，在加宽公路基础上，其中与大陈江左岸相连的路堤结合防洪堤长1.66千米，按50年一遇洪水标准，全部修筑浆砌块挡墙，高4米，至1996年10月完成。

1.1.4 水力发电工程

中华人民共和国成立以来，浦江建成了一大批水库工程，不仅为发展水力发电创造了条件，更为浦江人民提供了更加便捷的美好生活。浦江县境内坐拥浦阳江、壶源江流域，其中浦阳江的支流有花桥、罗源溪、巧溪、丽水溪、蜈蚣溪、和平溪、义乌溪、芦溪等，壶源江有大小姑源、清溪、黄坛源、罗家源、中余溪、大元溪等，且河床比降大，雨量充沛，水力资源丰富，尤其是壶源江与浦阳江流域之间的自然落差，为浦江开发发展小水电和跨流域引水发电提供了有利条件。

1. 发展概况

中华人民共和国成立前，浦江没有水电站。民国十六年（1927年），浦阳镇大光明电灯公司开始有商办火力发电，1台单缸12千瓦柴油机，带动 20 千瓦直流发电机，每天晚上供电数小时，供部分商店和居民照明，是浦江办电之始。

1951 年，浦江县政府发动工商界集资入股兴办火电厂，在浦阳镇水埂巷开办公私合营浦江电气公司（后改称浦江电厂），浦江恢复办电。

1957 年 10 月，浦江第一座水电站金狮岭水电站建成并发电。

1961 年 1 月，浦江电厂改名，并于 1962 年迁址，在枯水期间水电不够供应时发火电补充供电。

1964 年 11 月，石姆岭电站建成投产，供浦东区工业、商业、学校和利丰、五丰、夏张等农村照明用电。

1965 年 5 月，通济桥水电站建成发电。至此，浦江电网与义乌、东阳电网连成一片。

1968 年在岳塘水库南侧，新建浦江发电厂，翌年 9 月投产发电，至 1973 年是浦江小水电与火电并举发展时期，后因煤供应困难，发电成本高、亏损大，于 1974 年 1 月停止发电。

1985 年年底，全县并网水电站达 21 座。

2000 年，全县 1183 个自然村全部通电。

2008 年年底，全县小水电站达 21 座，为全县工业、农业和城镇、农村照明用电提供了廉价的电源。

2. 电站建设

在浦江悠久的治水历史进程中，浦江兴建了一大批水库工程，并相继建成一批水库电站，以下简要介绍几个规模较大的水库电站。

（1）通济桥水库四级水电站。该水电站占全县小水电站发电总量的 20.1%。通济桥水库电站共分四级：一级通济桥电站是通济桥水库配套电站，为坝后式水电站；二级上皇殿水电站位于浦阳镇城西村上皇殿，距离通济桥水库 3 千米；三级金狮岭电站位于浦阳镇金狮岭水库第二副坝右侧山脚，为坝后式，属金狮岭水库配套电站；四级岳塘电站，为岳塘水库配套电站（于 1978 年报废）。

（2）石姆岭水库一级水电站。该水电站于 1964 年 11 月由浦东区建成投产，发电尾水流入第二级"五七"电站再发电，水电站供给工业、商店、学校和利丰、五丰、夏张、浦东 4 个大队照明用电。"五七"二级电站，位于郑宅公社石姆岭脚村东南，主要利用石姆岭水库总干渠与北干渠（中干渠、西干渠）落差发电（于1985年1月停止发电）。

（3）丽水源水电站。丽水源水电站位于原潘宅公社丽水源水库大坝左侧山脚，为坝后式水电站，是丽水源水库配套水电站。原供电范围为潘宅公社商店、学校和丽水源、五村、四村、杨里等村照明用电。1986年5月扩建1台水轮发电机组，1971年1月并网发电，2005年电站更名为神丽峡水电站。

此外，由于浦阳江、壶源江发源于花桥乡高塘村后山南、东麓，两江相隔龙门山脉分支中山山脉，自然高差较大。浦江水电站采取跨流域梯级开发，建成梯级电站7座，其中位于壶源江流域的有派顶、外胡、石宅、杭坪4座，位于浦阳江流域的有壶源江、金坑岭一级、金坑岭二级等3座电站。

1.2 悠久的水利灌溉遗产

1.2.1 渠

"登高天井"位于登高村后山腰海拔482米高的一泉眼处，泉水终年不断。据测算，出水流量为0.8～1.2升每秒，年出泉量3.15万立方米左右。古代村民用山上的块石垒成一个高1.8米、宽0.8米、长13米，类似新疆"坎儿井"的出水涵洞，炎炎夏日，涵洞里仍是透骨清凉。村民又用宽0.17米、高0.24米、长0.8米左右的青条石，中间凿挖开一条宽10厘米、深5厘米的U形水槽，首尾连接，引水到村，接缝处用糯米、蛋清和石灰浆拌和，黏结止水，形成一条全长206米、落差32米、平均坡降15％的石槽天渠（图1.17）。

一直以来，人们恪守"上塘饮用，中塘洗菜，下塘洗衣"的约定，古老相传，若有违反，必遭村民唾弃。从高处看，天渠天塘犹如长长藤蔓上结着的葫芦瓜，寓意着登高村人瓜瓞绵长，生生不息。

"天塘"里的水经房前屋后水沟，注入树滋堂前的墨池，再绕过

图 1.17　石槽天渠

小村，成为村东 200 亩、村南 170 亩梯田的灌溉水源。明代邑人戴杞（1383—1443，登高山脚戴宅人，世人称清肃处士）有诗云："轩名耕读北山阳，朝执犁锄暮典章。水足舜田春盎盎，炎余匡壁夜煌煌。"说明在明初时，登高村人已利用天渠、天塘来水耕作收获（图 1.18、图 1.19 分别为登高天渠、天塘）。

1.2.2　堰

　　浦江现存历史古堰共计 112 座，主要分布在浦南、仙华街道及前吴、花桥、白马、黄宅、岩头、郑宅、郑家坞、杭坪、虞宅、檀溪、大

图 1.18　登高天渠灌溉区域

图 1.19　登高村入村三塘

畈等 13 个乡镇级行政区、50 百余个村庄，可灌溉面积约 8960 亩。浦江名堰有席场堰、仙华堰、石陵堰、大汰堰等。早在宝庆三年（1227年），浦江就建有席场堰，至今仍溉田 437 亩。明嘉靖年间，知县毛凤韶修浚仙华堰，推行筑塘灌溉，统计全县主要堰坝 13 座。《浦阳嵩溪徐氏宗谱》中也有关于堰、车水的描述（图 1.20）。

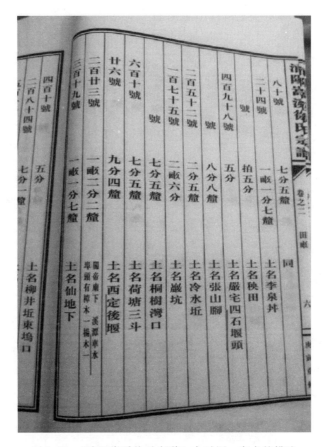

图 1.20 《浦阳嵩溪徐氏宗谱》中对堰、车水的描述

浦江古老的堰坝分上下两部分。堰之下部老百姓称之为"备堰"，呈反拱结构，两头高，中间低。堰之上部老百姓俗称"筑堰""作堰"，呈长方体，宽约 80 厘米。这些堰坝有三大特色：一是取材本地。浦江人用本地石灰石、黏性土、河卵石等建筑材料修筑，既便利又低成本。二是设计科学。浦江人创造性地将堰坝分成上下两部分，一动一静，一宽一窄，阴阳相济。下部的备堰以固基为主，下游滚水面坡度较缓。备堰抬高稳定上游河床，减缓坡降，减低流速，起到保护堤脚作用；上部的筑堰以蓄水为主，提高水位，保证灌溉用水。三是工艺精湛。备堰采用反拱拱券结构，以大块石错缝叠砌，蛋壳形堰面牢牢抵住两侧堤岸，虽历经百年而不毁。筑堰以黄泥作黏结剂，利

用黏土的不透水性，再加入适量石灰，加强黏结强度。筑堰在洪水期间能被冲垮，降低了洪水期堰前水位，保证上游农田不被水淹，正如现代水利的固定堰和自溃堰。

古堰引水口常在水位处横砌一石条，高度与堰面平齐，既能防止在洪水期过多水量泄入渠道，也可挡住漂浮的树枝草木，起到拦污栅作用。有些堰坝引水口后挖有水塘，四周砌以条石，有台阶、有埠头，可以充当沉沙池，同时也是村民洗农具的场所。每丘田有独立灌排渠系，分水口处放置有石条，可将多余的水、洪水排入河道。每个堰坝下游都修建了"车水埠头"，在修建堤防时，预留一宽约 40 厘米的石槽，用来架设脚踏水车或手摇水车，利用堰坝下游冲刷的深潭，车水灌田。车水埠头同时也是排涝口。

1.2.3 塘

浦江有记载的最早的塘是"鹤塘"（为今岳塘水库），据称五代时（10 世纪）就有人居其旁，"县东南一十五里曰鹤塘，道经谓双鹤自塘心戾天，因名。广袤数里，可注田二千亩"。北宋天圣年间（1023—1032 年），钱侃在通化乡修建东湖塘。大观二年（1108 年），其后代钱遹（浦江历史上的名人，曾官至工部尚书）修筑东湖，并筑西湖，东湖在县西南三十五里，西湖在县西南四十里。政和元年（1111 年），钱遹又筑椒湖，在县南三十五里，时合称"通化三湖"。《大明一统志》和《嘉靖浦江志略》中都记载了宋代郑绮凿孝感泉的事情，"孝感泉，在浦江县东三十里，白麟溪侧。宋郑绮母张性嗜溪水，时旱，凿溪数仞而不得泉，绮恸哭，水为涌出，故名"。从记载可知，郑绮挖泉须在河床凿溪。《嘉靖浦江志略》中记载：浦江地多高亢，唯塘堰以为潴蓄，然堰微塘浅，其修治开浚之功犹易为力，民间可自任之，无烦于官也。明洪武二十四年（1391 年），浦江县有水塘总面积 16085 亩。明嘉靖年间，知县毛凤韶推行筑塘灌溉，统计全县塘 168 顷余。

浦江现存古塘井 13 个，主要分布在浦南、仙华街道和花桥、前吴、郑宅等乡镇，可灌溉面积约 2600 亩。古塘的基本特征是塘与地表水系不连通，水源主要来源于地下水出渗和降水蓄积。古塘分为两类：一类是塘中有井，另一类相当于大口井。灌溉提水采用水车，在修建石塘时，预留水车孔，用来架设水车（图1.21～图1.24为塘井及其结构示意图）。

图1.21 村中的塘井

1.2.4 拗井

南宋时期，北方人口大量南迁，灌溉农业快速发展。在浦阳江流域，"拗井"桔槔井灌开始发展。浦江拗井目前主要分布在浦阳江支流巧溪流域，南山山麓，浦江盆地巧溪冲积扇。浦江拗井传统的"桔槔提水"灌溉方式目前基本已不再使用，大都改用水泵。现存拗井共计323

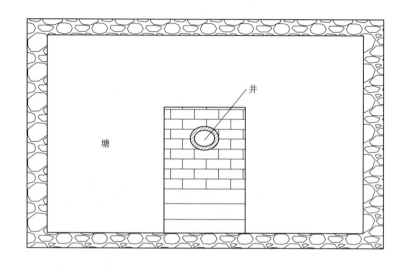

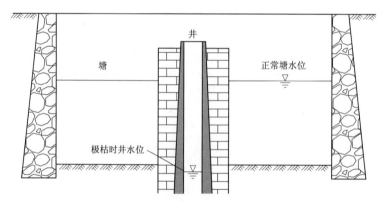

图 1.22　塘井结构示意图（一）

个，目前正在使用的有 88 个，灌溉农田面积 331.5 亩。

　　在浦江巧溪流域，砂砾层遍布，地表水难以积蓄，聪明勤劳的巧溪人就发明了"拗井"来积蓄盆地地下水，用于桔槔井灌。在田边地角，深挖，以卵石盘砌，下口大，上口逐渐收紧，至仅可供一人跨立。井旁竖一长直木，再缚一长横木于其上，横木一端悬一杆，杆头为一吊桶，能活动翻转，另一端绑以石块配重，系一拉索作辅力用。拗水时，拗水人面对水渠，将吊桶徐徐放入井中，用巧力一翻盛满提起，利用杠杆的配重和拉索人辅力，提至井口上方，轻松一倒，方便灌溉（图 1.25～图 1.28 为拗井及其结构示意图）。

图 1.23　田间的塘井

1.2.5　溪井

　　浦江丘陵区河流地表径流洪枯水量变化很大，而河床下潜流水量丰富且相对稳定，因此成为丘陵区村中灌溉的重要水源。传统的溪井类似现在中小河流治理常用的截潜流工程。浦江修建溪井可追溯至宋代，是目前发现历史最早、工程最典型的地区。

　　溪井别称水仓、闷塘、匣、水孔、水栈等，为部分山区在溪岸、溪底筑坑集水、蓄水的一种古老独特的水利设施，分有盖与无盖两种。目

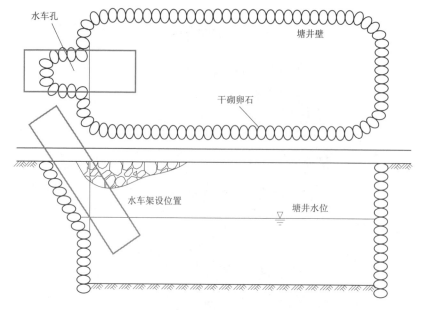

图 1.24　塘井结构示意图（二）

图 1.25　浦江拗井"桔槔提水"

图1.26 二十世纪五六十年代的拗井

图1.27 浦江拗井现状（2020年）

浦江幸福
河
湖

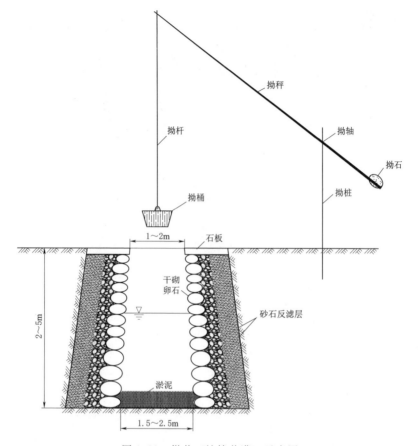

图 1.28　拗井（桔槔井灌）示意图

前，溪井在国内其他地方还没发现过，可谓举世无双。溪井长度（顺河流方向）一般为 5～20 米，宽度 5～8 米，高度 1～2 米，灌溉面积 5 亩至数十亩。溪井类似水窖，一般布设在河床内有岩隙渗水之处，四壁以块石和千年水底松叠砌，上小下大，长宽深浅随地形而不同，最深的有 4 米多。水孔上覆松木，防止河沙淤积。极端干旱年份，打开溪底"水孔"，架设多级水车，用水车接力的办法进行提水灌溉。溪井地处河底，是备用水源的"底线"。1934 年，浦江大旱，连晴 60 多天，嵩溪村水井、水塘俱无水可取，只有歇马亭等几个"匣"尚有水出渗，村民日夜守在"匣"底，保住了全村人饮用和丘田灌溉（图 1.29～图 1.32 为溪井及其结构示意图、内部结构实景）。

浦江幸福
河
湖

图 1.29　有盖溪井

图 1.30　无盖溪井

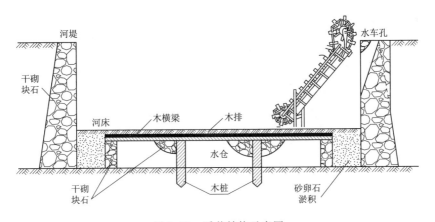

图 1.31　溪井结构示意图

图 1.32　溪井内部结构实景

浦江现存溪井 57 个，主要分布在浦南街道及花桥、前吴、岩头、白马等乡（镇），可灌溉面积约 4488 亩。浦江修建溪井可追溯至宋代，是目前发现历史最早、工程最典型的地区，其中刘笙村现存溪井最多。

1.3　浦阳江的治水历程

1.3.1　沿波讨源浦阳江

浦阳江发源于浦江县花桥乡源头村，在浦江境内长 49 千米，流域面积 518 平方千米，东流经花桥入通济桥水库，再东流经浦江县城至黄宅折东北流至白马桥入安华水库，至闻堰小砾山，从右岸汇入钱塘江。在历史上，浦阳江曾经由临浦、麻溪经绍兴钱清，至三江入海。浦阳江从浦江深袅山发源以后，其江名一以贯之，至今未变。但历史上又以浣江、诸暨江、越溪等名称呼过，一时声誉之隆，盖过本名；不过从严格意义上说，有些江名是以局部区域替代了整条浦阳江。《中国历史地图集》在南宋两浙西路、两浙东路、江南东路图册上，有了时间、空间的地理要素，该地图集标注了嘉定元年（1208 年）的浦阳江主干，是用"浣江"之名覆盖了浦阳江，"浣江"的名声一时淹没了浦阳江。何以至此？一是浣江流经苎萝山下，江边有浣纱石，相传西施在此浣纱而得名，声名响亮。二是浦阳江须不时疏浚，"泄浣江之涨"成为民生的重要议题。顾祖禹《读史方舆纪要》卷九十二载："元天历中尝浚下西江以泄浣江之涨，浣江之名著，而浦阳之名晦矣。"一著一晦，盛名煊赫。

1.3.2 改道筑坝浦阳江

由于泥沙堵塞，下流不畅，元末明初，河水在碛堰山口分流。明中期对浦阳江进行了改道，"筑麻溪，开碛堰，导浦阳江水入浙江（钱塘江）"，建起了临浦坝，拦断了西小江与浦阳江，凿通了碛堰山口，浦阳江逐渐改由现代河道进入钱塘江。浦阳江素有"小黄河"之称，水灾不断，浦江人一直试着治理浦阳江，兴利除弊。古时候人以砂砾石堆筑防洪堤，以篾笼装鹅卵石，建丁坝保护农田。民国时期曾有两次修复江堤活动，终因"工程浩大，需费不赀，又非短期所可济事"而不了了之，至新中国成立后才开始系统治理浦阳江。

1.3.3 系统治水浦阳江

1958 年，在浦阳江出山区段建起了中型水库通济桥水库，为综合治理浦阳江奠定了基础。1965—2008 年，先后开展了三次较大规模的系统治理。2013 年，浦阳江又打响了全省"五水共治"第一枪，投资 5 亿元，治理河道 67.8 千米，修筑堤防 71.36 千米、堰坝 59 座，建设生态廊道 38 千米，水库除险加固 6 座，山塘整治 60 座，全面提升了"上蓄、中防、下排"能力，使城镇防洪能力提升到 50 年一遇，农村提升到 20 年一遇，全流域形成了 20 年一遇的防洪闭合圈。在解决了防洪、排涝、灌溉等大问题的同时，浦阳江的水量水质、人文景观、生态环境、文化传承均得到极大提升。如今的浦阳江恢复了原有的水清岸绿，在浦阳江畔随处可以看到白鹭在水边漫步，也吸引着周边居民来此休闲娱乐，呈现出一幅人与自然和谐相处的美丽画卷，构建"浦江治水新精神"。浦阳江已经成为浦江人民的"幸福河"（图 1.33、图 1.34 为浦江县翠湖的景象）。

（a）"五水共治"前

（b）"五水共治"后

图 1.33　浦江县翠湖"五水共治"前后对比

图 1.34 翠湖俯瞰图

1.4 浦江县的水仓历史

1.4.1 水仓历史概述

　　浦江地处浙中丘陵山区，海拔 24～1050 米，为浦阳江、壶源江源头，"域中无大水可凿引灌溉"，河流源段径流量变差大，历史时期地表水存蓄能力有限，农作物又以水稻为主，全县水资源调节周期只有 10 天左右，历来小旱频繁。但在河流谷地冲积平坝区，地下潜水埋深浅，埋藏丰富。因此，分布广泛的小型水利工程特别是各类引用地下水资源的溪井、拗井、塘井等（统称"浦江水仓"），对浦江农业正常发展至关重要，这是浦江传统灌溉工程最为突出的区域特色。浦江灌溉农业悠久，一万年前的上山文化，开启了浦江稻作农业和灌溉发展的历史进程，因而形成悠久的水仓历史。

浦江水仓中的各类灌溉工程型式的创建时间不尽一致，其大规模始建年代不晚于12世纪。根据现存溪井结构材料的放射性碳检测结果，现存溪井的结构年代至迟不晚于18世纪末。而有记载的最早水利工程为"鹤塘"，清康熙《浦江县志》载："鹤塘，清灌田二千余亩，不知何代开筑，五代时有西川吴氏来旁居其旁"。说明鹤塘至迟在五代时期（9世纪）已经创建。

浦江水仓以"一仓一渠一畈田"为灌溉单元，利用地形地貌合理选用水利工程型式，充分开发利用地表、地下水，使农田灌溉实现就地取水。在丘陵山区，在溪涧上分段筑修堰坝，蓄引河溪地表水，利用地势高差修建天渠，引蓄山泉；在山区高地农田，导引山泉水灌溉；地势较高的地方和引水不便的灌区农田内，平地开塘，积蓄雨泉；在地下水潜流丰富的农田，则挖拗井、泉水孔、泉水塘、闷塘以取水。针对丘陵区地表水洪枯水量变化大、河床下潜流水量丰富的特点，在河底"凿溪"开溪井截蓄潜流，极旱时提水灌溉，成为备用水源的"底线"。塘堰井渠有机组合的水仓是丘陵山区的，可为国内外经济欠发达的丘陵山区低成本灌溉农业发展提供经历史验证的区域整体性解决方案，是丘陵山区水利工程体系的典型代表。

渠、堰、塘、井等小型水利工程，以及水车、桔槔、戽斗、水接等灌溉器具共同组合，因地制宜，立体化分布，互为补充，综合保障各片区、全天候的灌溉用水，成为了独具浦江区域特色的水利工程型式多样化的传统复合灌溉范式和"基于自然的解决方案"理念的传统灌溉工程体系代表性范式。

浦江水仓在漫长的历史进程中有其独特的管理方式，衍生了独具特色的民俗和祭祀文化。迎长龙、迎龙灯、试水龙、迎会桌、摆祭等独具区域特色的水事民俗流传至今；禹王庙、民间祭大禹等禹迹多有发现，里黄民间祭大禹已成为金华市非物质文化遗产；杭坪镇"杭坪摆祭"被列入金华市十大民间传统节日和浙江省非物质文化遗产保护名录，并已成为全县规模最大的民间习俗文化活动。

1.4.2 灌溉发展历史

一万年前，浦江的先人就在浦阳江河谷平畈种水稻、吃稻米，浦江有"万年上山，世界稻源"之称。稻谷是浦江人的口粮。"时雨乃降，五谷百果乃登"。浦江先人应时而动，清明播种，谷雨插秧。谷雨时节浦江进入梅雨季，稻苗也进入生长期。据水文资料，浦江多年平均年降水量在1467毫米左右，年平均降雨日数在145～165天之间，梅雨季节降雨量占全年水量的三分之一。出梅入伏，气温升高，水稻进入主生长期，雨量却骤减，水稻用水必须依靠水利来灌溉，以满足其生长。浦江的历史上旱灾不断。据统计，自北宋（1000年左右）至中华人民共和国成立前，全县发生重大旱灾68次。浦江"七山一水二分田"，属江南典型的丘陵盆地地貌。浦江传统农耕文明依仗遍布全县各地的溪井泉灌等水利工程。浦江古人由于采取因地制宜、科学完备而多样化的水仓，积少成多，持续而突出地发挥灌溉、抗旱效益，为浦江农业、浦江延续发展持续发挥了重要支撑作用。

浦江有一类奇特的高山坪地泉水塘，如登高山、乌浆山、虬树坪等村，村子因泉而生，村民的生活、生产、灌溉用水全是高山山泉。特别是仙华山上的登高古村，坐落在海拔500米以上，先辈村民凿石为渠，将一汪清泉从2千米外的山上引至村中，建了造型酷似酒葫芦的上、中、下三塘，三塘由小而大，上塘饮水，中塘洗菜，下塘洗衣，尾水绕村而过，流入层层梯田，从空中俯瞰，石渠和三个清水塘犹如一条长长藤蔓上结的葫芦瓜。800年来，登高村民在它的哺育下，繁衍生息（图1.35、图1.36分别为平井和调蓄石塘）。

一方水土养一方人。嵩溪村先民在嵩溪明暗溪2千米范围内，修建了30座大大小小的堰坝，灌溉着大大小小的畈田。嵩溪上的堰坝可谓独一无二。嵩溪是典型山溪性河流，坡降大，流速大，对河岸冲刷力强。嵩溪堰坝的下部是备堰，上部是筑堰，正如现代水利的固定堰和自溃堰。根据《浦江水利志》记载：截至2008年年底，全县有引水堰坝1928座，灌溉面积12.44万亩。浦江古堰独具区域特色，下部备堰为永久结构，上部筑堰为临时结构，洪水大时可冲毁以扩大泄洪流量（图1.37为堰坝及其拦蓄引水灌溉）。

图 1.35　平井

图 1.36　调蓄石塘

在上山村旧山背姓方祠堂门前，南北向分布着一溜水塘，宽十多米，曲折断续，中间向东拐了一个弯，酷似北斗七星，本地人称歪塘（意为不直）。据考古认定，这些水塘实为废湮古河道的潴留水域。塘中有几口奇特的"浦江水仓"——塘井（图 1.38），塘中有井，井在塘中，井塘不连，井水不枯，井水比塘水水面明显更高、更干净，目前村民仍在使用。

图 1.37 堰坝及其拦蓄引水灌溉

图 1.38 塘井

1.4.3 水仓故事

浦江山险地狭、丰枯不均，下雨主要集中在黄梅季，黄梅雨水大都以洪水快速下泄，也没有大江大河可资灌溉，水源不足，连晴十来天就须抗旱。为解决当地面临的水问题，古时浦江人便修建塘、堰、井、泉等小微型水利灌溉工程，发挥灌溉、饮水、抗旱等诸多作用，这些小微型水利灌溉工程被统称为"浦江水仓"。

浦
江
幸
福
河
湖

　　"浦江水仓"在浦江历史上为日常灌溉、抗旱保命发挥了不可泯灭的作用，特别是在1934年。据史籍记载，民国二十三年（1934年），浙江大地，包括浦江，遭受大范围的持续旱灾。石西民在《亢旱后的浦江农民生活》一文中描述"浦江亢旱不雨达三个月之久"，"乡村的溪流中再也看不见半点水，农民们除了每日老远去寻找点吃的水以外，只能眼巴巴地看着那禾苗枯槁下去，靠农民的手足胼胝是根本抵御不了灾荒袭击的"。在嵩溪村，村子周围无水可取，水稻几乎绝收，唯有处于村远处名叫歇马亭的几个水仓尚有少量泉水出渗，村民日夜守在水仓底，用木勺一点点舀出，保住了周围几丘田亩的收成，由于阳光充足，长势反而特别好，这些收成成为第二年的谷种，嵩溪村人才得以繁衍生息。在巧溪，村民不分昼夜全力投入抗旱，拗水车水并举，但由于水仓出水量不足，大家就排号抓阄轮流灌溉，才渡过难关。在黄宅一带，是以"踏大溪"度过旱年灾荒的。"踏大溪"用的是五六人踏的三丈左右长的水车（图1.39为水车取水），由最精壮劳力上阵，停人不停车，从浦阳江（俗称大溪）底大水仓开始，以梯级车队，先从最高处逐级往下灌溉。人们在踏水时，唱起"大溪歌"，大溪歌穿云裂石，水车声如泣如诉，水流声源源不断，几十部水车犹如几十个戏班唱对台戏，勾画出一幅最壮观的抗旱之画。岩头

图1.39　水车取水

镇许村还保留着康熙十年（1671年）置办的老水车（图1.40），至今已有350多年的历史。

图1.40 康熙十年（1671年）的老水车

第 2 章
现状基础

浦江依水而生，因水而美，环境基底良好，历史悠久，民俗风情独特，素有"万年上山""千年郑义门""百年书画兴盛地"的美誉。本章简要介绍浦江县的自然地理状况、经济社会发展情况、浦江河湖水系基本情况，以及浦江河湖水系存在的主要问题等（图 2.1 为美丽的浦阳江）。

图 2.1　美丽浦阳江（王文荣　摄）

浦
江
幸
福
河
湖

2.1 自然地理状况

2.1.1 地理概况

浦江县位于浙江中部，金华市北部，东经119°42′～120°07′，北纬29°21′～29°41′之间。东北邻诸暨市可到杭州市、宁波市，东南接义乌市，西南与兰溪市毗连，西北和建德市、桐庐市接壤。

浦江县属浙西丘陵山区，地势西北高、东南低，县内地表高低起伏，山丘广布，低山丘陵面积占总面积的81.66%，河谷盆地占18.34%，"三山夹两江"是全县主要的地貌特征。其中，中支山脉俗称北山，横贯于浦江中部，是壶源江与浦阳江的分水岭；中支山脉以北是壶源江流域丘陵山区，地貌以割裂破碎的低山丘陵和河谷平原为主，地形高低起伏、山丘广布、溪涧萦绕；南支山脉俗称南山，蜿蜒于浦江、兰溪、义乌交界地带；南支与中支之间构成浦江盆地，分布在浦阳江两侧的河谷平畈和岗地，地势平缓，土壤肥沃，是全县重点产粮区，城镇与产业也主要集中分布在这一带。

2.1.2 气候条件

浦江县大部分区域属于亚热带季风气候区，兼有山地、盆地气候特色。冬夏季风交替明显，四季冷暖干湿分明；降水丰沛，季节分配不均，年际变化大，旱涝发生频率高；光照充足，昼夜温差大。

年平均气温16.8℃，1月最冷，平均气温4.6℃；7月最热，平均气温28.6℃，历年极端最高气温41.5℃，极端最低气温－11.1℃。全县各地年平均降水量在1250～1600毫米，雨量充沛，但分布不均，其中春夏两季（3—9月）降水量占全年的76%，特别是梅汛期（5月至7月上旬）降水量484.8毫米，接近全年的三分之一。年平均相对湿度79%，极端最小相对湿度8%。无霜期长，年平均无霜期248天，全年日照1762.1小时。年平均风速1.6米每秒，最多风向为东—东南。年平均蒸发量为 1306.3 毫米。年雷暴日数 41 天。主要气象灾害有洪涝、干旱、台风。

2.1.3 生物资源

浦江县山地植被覆盖率达到 85% 以上，以常绿阔叶林、落叶阔叶林为主，种子植物 128 科 700 多种，其中木本植物 75 科 300 多种，国家一二级保护珍稀树种有南方红豆杉、银杏、金钱松、长叶榧、榉树、三尖杉等 6 种；共有动物 6 门 16 纲 67 目 264 科 880 种，其中兽类 64 种、鸟类 68 种、爬行类 37 种、两栖类 12 种、昆虫类 599 种，国家一、二级保护动物 23 种，省级保护动物有 17 种。

2.2 经济社会发展状况

2.2.1 行政划区及人口分布

浦江县县域面积 920 平方千米，辖 7 镇 5 乡 3 街道，共有 244 个行政村（社区），户籍人口 40 万。

2.2.2 经济发展现状

2021 年，浦江县实现地区生产总值 262.30 亿元；第一产业增加值 10.89 亿元，同比增长 2.1%；第二产业增加值 116.93 亿元，同比增长 11.7%；第三产业增加值 134.48 亿元，同比增长 5.8%。三大产业增加值结构为 4.2：44.6：51.2。一般公共预算收入 20.0 亿元，同比增长 3.9%；城镇、农村居民人均可支配收入分别达到 49943 元和 24948 元，同比增长 3.3% 和 7.0%。

（1）工业基础稳固。浦江县工业经济仍以传统产业为主体，已基本形成服装、针织、水晶、制锁、绗缝等一批优势特色产业，其中水晶、挂锁、绗缝均占全国 60% 以上的市场份额，有"中国水晶之都""中国挂锁之城""中国绗缝家纺名城"之誉。目前，浦江县发展动力正从要素驱动到创新驱动转换，产业体系正从传统产业主导向新兴产业引领转型，按照"创新兴县"发展路径，聚力发展光电光伏、高端装备制造、智能硬件、新材料和生物医药等战略性新兴产业，加快推进"制造强县"建设。

（2）生态环境优美。浦江山川秀丽、风景优美，被明代文豪宋濂称为"天地间秀绝之区"。全域51条支流水质均达到Ⅲ类以上，浦阳江入选全国首批7个美丽河湖（港湾）优秀案例，生态交接断面考核优秀。"五水共治"工作群众幸福感连续4年排名全省前三、全市第一，生态环境公众满意度连续4年排名全省前五、全市第一，2014—2021年连续8年捧获省"五水共治"工作"大禹鼎"，获评第十届中华环境奖优秀奖（城镇环境类）。借助生态资源优势，浦江大力发展旅游产业，境内有仙华山、神丽峡、白石湾等众多景点，被命名为"中国最美乡村旅游目的地"。新光村获评全国乡村旅游重点村，虞宅乡获评省级风情小镇，"茜溪—上河"线路获评全省美丽乡村"夜经济"精品线。

（3）农业特色鲜明。大力发展绿色生态农业和休闲观光农业，现有葡萄、山地蔬菜、茶叶、桃形李、香榧等五大过亿农业产业。浦江被称为"江南吐鲁番"，葡萄种植面积超过7万亩，产值近12亿元。浦江葡萄作为G20杭州峰会指定水果，成为元首们餐桌上的美食。壮大村级集体经济，全县190个村集体经济总收入超30万元，经营性收入超15万元，占到全部227个行政村的83.7%，成功涌现出首个"村村总收入超百万、经营性收入超30万"的示范乡镇——大畈乡。浦江"绿色崛起模式"成功入选浙江"乡村振兴十大模式"，不断拓宽"绿水青山就是金山银山"的转化通道，走出了一条生态美、产业美、百姓富的可持续发展之路。

2.2.3 历史文化底蕴

（1）历史源远流长。东汉兴平二年（195年）建县，唐天宝十三年（754年）置浦阳县，五代吴越天宝三年（910年）改浦阳为浦江，已有1800多年历史。民国三十八年（1949年）浦江解放，隶属浙江省金华专区（初称第八专区）。1960年1月7日，国务院决定撤销浦江县建制，除梅江人民公社（相当于区）行政区域划归兰溪县外，其余行政区域并入义乌县。1966 年 12 月 22 日，国务院批准恢复浦江县，并入义乌县的原行政区域复归浦江，县城在浦阳镇，属金华地区。1985 年 6 月地区改市，属金华市。2017 年，联合国地名组织授予浦江"中国地名文化遗产千年古县"。

（2）人文底蕴深厚。浦江素有"文化之邦""书画之乡""诗词之乡"等美誉，有距今万年的稻作文明"上山文化"，成功举办上山遗址发现 20 周年研讨会，明确了上山是世界稻作农业的起源地，上山文化是中国农耕村落文化的源头，上山遗址的彩陶是世界上最早的彩陶。杂交水稻之父袁隆平、考古界泰斗严文明分别题词"万年上山 世界稻源""远古中华第一村"。浦江有距今千年、十五世 3000 余人同居不分家的"江南第一家"郑义门，其素以孝义治家闻名于世，168 条《郑氏规范》在中纪委监察部网站"家规"栏目中被首期推介。浦江还有我国文学史上最早的文人结社"月泉吟社"，现存我国最早的诗社总集——《月泉吟社诗》。浦江名人名家辈出，古有南宋诗人方凤，明代开国文臣之首宋濂，清初东渡日本的高僧心越禅师蒋兴俦等；近现代有曹聚仁、张世禄、石西民、洪汛涛以及吴茀之、张振铎、张岳健、方增先、吴山明等。

2.3　河湖水系基本情况

浦江县多年平均水资源总量 8.32 亿立方米，其中水资源可利用总量为 2.73 亿立方米。全县多年平均地表水资源总量 6.75 亿立方米，多年平均地表水可利用总量 2.36 亿立方米，地表水可利用率 34.9% 左右；地下水资源量 1.57 亿立方米。

浦江属钱塘江水系，主要干流浦阳江和壶源江均发源于县西部花桥乡的天灵岩，分别贯穿浦江盆地和北部山区，均为钱塘江一级支流。另有一条大陈江是钱塘江的二级支流，纵贯浦江县东部的郑家坞镇流入浦阳江。

　　浦阳江贯穿浦江盆地，发源于西部花桥乡高塘村东之天灵岩南麓，流经三十六村至平水殿马源与井坑岭的岭脚溪汇合，几经迂回注入前吴乡的通济桥水库，而后自西向东，穿越城区经浦阳、浦南、黄宅、白马等乡（镇、街道）流入诸暨市的安华水库，过诸暨市，直至杭州市萧山区闻堰小砾山注入钱塘江。浦阳江干流总长150千米，浦江境内主流长49.61千米，主要支流34条，干支流总长度为278.99千米，流域面积518.63平方千米。

　　壶源江古称岩坑、湖溪、湖源、壶溪、壶江，发源于花桥乡高塘村天灵岩西北麓，过高塘村向北，汇合库岭溪折向东流，壶源江在浦江县境内长48.8千米，流域面积396.72平方千米，主要支流14条，河道弯曲，水流湍急，河床卵石群集，水源充足，水质好。

　　大陈江古名龙溪，又名苏溪，发源于义乌市巧溪乡全章岭西麓大坞尖。金华地区境内全长28.5千米，流域面积200.3平方千米，本县境内主流长3.95千米，流域面积23.82平方千米，自义乌市大陈镇西北穿经本县郑家坞镇，至诸暨市安华镇附近注入浦阳江。

第 3 章
治水兴水历程

　　兴水利、除水害历来是治国安邦的大事。中华人民共和国成立以来，党和国家始终高度重视水利工作，领导人民开展气壮山河的水利建设，取得了世所罕见的巨大成就，为经济社会发展、人民安居乐业作出了重要贡献。纵观中华人民共和国治水实践，在水利等有关方的共同努力下，工程体系持续完善，治水措施不断丰富，政策制度不断健全，监督管理能力和水平不断提高，水安全保障能力大大提升。在此背景下，浦江治水兴水经历了建设发展、五水共治、美丽河湖建设等阶段，正聚力建设全域幸福河湖，取得了显著成效（图 3.1 为金狮湖晨景）。

图 3.1　金狮湖晨景（吴拥军　摄）

3.1 建设发展阶段

3.1.1 大规模水利建设时期（1949—1977 年）

新中国成立初期，国家发展总体较为缓慢，人民生活还处于较为贫困的状态，整体呈现生产力水平较落后、经济社会发展水平较低、抵御自然灾害能力较差的阶段性特点。这一时期，党和国家领导全国人民集中力量兴修了一系列防汛抗旱和灌溉基础设施，为保卫国民经济发展成果和稳定社会发挥了巨大作用。总的来看，这一时期所开展的大规模水利工程建设是人民对恶劣自然条件的主动、自发而且直接的抗争，并在改造自然、征服自然的战斗中取得了一定程度上的胜利，基本满足了防洪、灌溉等方面的安全性需求。

1957 年后，浦江进入综合开发利用阶段，新建成的通济桥水库为当地水利带来了新面貌。1970 年后，浦江开展以建设旱涝保收农田和治水改土为中心的农田基本建设，进行了浦阳江的第二次综合治理，动工兴建引水蓄水发电并举的西水东调工程。

一库通济水，浇灌百业兴。通济桥水库是浦江县最大的水库，总库容 8076 万立方米，是浦阳江流域骨干防洪水利工程和重要的生态环保旅游水源地。1958 年 12 月 5 日，通济桥水库动工建设。工程施工期间，浦江全县各地都派出民工参加，共投入劳动力 314 万工，平均每天有 6000 余人上工地，最多时达 13000 余人。土石的搬运主要靠人工，开始全部用扎箕肩挑，后来用 6230 多辆木制独轮车加大扎箕，大坝堵口时又增加了 2440 辆胶轮独轮车，还用卷扬机、牵引机拉独轮车运土石上坝，总计完成土石方 92.6 万多立方米，国家投资 632 万元。1960 年 9 月 20 日，通济桥水库主体工程基本完成。通济桥水库建成之初，公路未通，库区周围群众至浦江县城的交通，主要靠水库航渡。通济桥库区淹没土地 8900 余亩，迁移前吴（下宅）、下葛、徐店、中坞等 17 个自然村。当时人民生活普遍困难，移民政策主要是由县政府在石马、大溪等管理区向农民无偿调用民房，安排移民住地和生活；其次是有亲投亲、无亲靠友，自行解决。库区移民为造福后代作出了巨大的牺牲和贡献。在全县人民的奋战下，1965年四大干渠全部贯通，在浦江盆地浦阳江两岸初步形成通济桥水库灌区灌溉网络，通济桥水库的水通过各干渠源源不断安全地送到下游各地，水库工程开始发挥灌溉效益。1972年1月，为完善水库工程，将溢洪道加高3.4米，新建1.3米高的大坝防浪墙。

西水东调有效改善了缺水局面。浦江县有浦阳江和壶源江两大流域，滋养着浦江大地，哺育了浦江儿女。但两大流域水资源量时空分布及人均水资源占有量不均，浦江县的政治、经济、文化中心，以及人口与产业主要集聚区的浦阳江流域，水资源量只有壶源江流域的五分之一，水资源问题一度束缚浦江县发展。把壶源江水引到山那边的浦阳江，一直是个美好的梦。1976年5月，浦江县政府决定在金坑岭水库施工的同时，上马兴建外胡水库，并正式将此工程命名为浦江县西水东调工程。10月22日，指挥部在金坑岭水库大坝坝址举行了开工典礼，标志着西水东调工程正式动工。该工程是一项引蓄并举，以灌溉、供水为主，防洪、发电、养殖和旅游相结合的综合性水利工程。西水东调工程引壶源江集雨面积66.3平方千米，兴建金坑岭、外胡、派顶等3座水库，外胡、壶源江、金坑岭等7座梯级电站，利用壶源江和浦阳江的自然落差，通过建39.25米拦河闸坝、1102米引水渠道、1041米穿山隧道，再经650米明渠，注入83米压力斜管，穿1051米压力隧洞，到壶源江电站，最后发电尾水注入金坑岭水库。在施工过程中，工程量大，地质条件不好，施工条件差，经济困难，全县11个公社民工营在县委和工程指挥部的统筹安排下，自带所有生活资料和施工工具参加工程建设。修建引水隧洞和金坑岭水库是两个最关键的节点。水流一路流经600米长的盘山明渠再穿过1059米隧洞，经调压井通过93米高水头、装机2400千瓦的壶源江水电站发电后，尾水注入金坑岭水库；另一路通过溢流堰和分水闸，流经红岩水库、仙华水库后入金坑岭水库。库水再经金坑岭一级电站、二级电站发电后，沿东干渠、西干渠灌溉浦江盆地北山脚一带农田。东干渠水经金坑岭水厂向浦阳镇城区供应自来水，实现西水东调。

3.1.2 稳步推进水利建设（1978—1997 年）

1978 年中共十一届三中全会后，浦江水利事业进入新的发展阶段，新建了金岭坑水库主坝、电站以及外胡水库、五里双虹渡槽等一批骨干工程。1949—1985 年，国家先后向浦江投放水利资金 2025.1 万元，本地群众自筹资金 2918.9 万元，共投放劳动力 4641 万余工，完成土石方 3293 万立方米。

1979 年 4 月 7 日，西水东调重点建设项目——杭坪引水隧洞全线开通。7 月 1 日，引水隧洞全部采用条石衬砌，实现了西水东调。分两期完成金坑岭大坝堵口任务后，又先后处理了两岸坝肩地质问题，完成溢洪道、电站并网发电、渠道配套工程、自来水厂扩建等项目。1983 年 6 月，对通济桥水库实施保坝工程。坝体加高 1 米，大坝外坡重砌石护坡，重建防浪墙，溢流堰由石砌改建成混凝土实用堰，保坝工程于 1986 年年底完成。

1986 年起，浦江探索在社会主义市场经济条件下加快水利建设的新路子、新举措，在原有水利工程续建加固配套、发挥和扩大工程效益的基础上，积极新建新的工程。在多方共同努力下，西水东调工程于 1991 年 11 月顺利完工，不但实现了防洪、灌溉、发电和水产养殖等建设初衷，还产生了自来水供应、生态补水等多方面的综合效益，为浦江县的经济社会发展发挥了重要作用。"山塘水库星罗棋布，江溪渠道纵横交错"的水利网络，在保护利用自然资源，发展浦江县城经济和满足城乡居民需要中起到了重要的作用。

进入 20 世纪 90 年代，浦江人口不断增加，人口向城镇集聚，经济发展加快，水利的支撑保障作用越来越重要。从总人口来看，1997 年浦江常住人口 375671 人，比 1988 年的 358166 人增加了 17505 人，增长 4.9%。且城镇化、产业化水平的提高，使人口向城镇集聚的趋势尤为明显。从人口分布来看，1995 年，全县每平方千米人口为 416 人，比 1990 年增加 31 人。人口密度最高的是黄宅镇，每平方千米 1249 人，其次是浦阳镇 905 人。每平方千米不足 200 人的有北部山区的大畈乡、虞宅乡和檀溪镇，其中大畈乡每平方千米 118 人。从经济发展来看，1997 年全县工农业总产值 855011 万元，其中工业总产值 805421 万元，比 1988 年的 53451 万元增加了 751970 万元，增长约 14 倍；工业企业 4652 家，比 1988 年的 2155 家增加 2497 家。1990—1997 年，浦江先后创建了大小工业园区（含经济开发区）14 个。

这一时期，随着浦江县经济社会的迅猛发展，广大人民群众对水利的要求也越来越高，特别是对饮水安全、防御水旱灾害、农业灌溉、工业供水等方面提出了更高要求，这既为浦江水利发展带来了机遇，也带来了挑战。

3.1.3 水利发展转型期（1998—2012 年）

世纪之交，我国进入全面建设小康社会、加快推进社会主义现代化建设的关键时期，经济社会发生深刻变化，水利发展进入传统水利向现代水利加快转变的重要时期。1998 年，党的十五届三中全会提出"水利建设要实行兴利除害结合，开源节流并重，防洪抗旱并举"的水利工作方针。2000 年，党的十五届五中全会把水资源同粮食、石油一起作为国家重要战略资源，提高到可持续发展的高度予以重视。2011 年，中央一号文件聚焦水利，中央水利工作会议召开，强调要走出一条中国特色水利现代化道路。这一时期，水利投入快速增长，水利基础设施建设大规模开展，水利管理不断加强。浦江县落实党中央国务院决策部署，浦江水利也加快发展。

（1）全面提升水利设施。至 2000 年年底，浦江县有通济桥、金坑岭中型水库 2 座，蓄水量 100 万立方米以上小型水库 11 座，10 万立方米以上水库 48 座，还有蓄水 1 万立方米以上的山塘水库 368 座。此外，修复和新建灌溉面积 100 亩以上的堰坝 66 处，建立机电灌溉站 88 处。全县有效灌溉面积 16.52 万亩，占耕地总面积的 91.2%，其中旱涝保收面积 76.7%。同时，还对两江进行过多次综合治理，分别采取疏浚江道、加固堤防、截弯取直、块石护坡和绿化造林、封山育林、停垦还林、保持水土等措施，水电事业随之发展。2000 年，全县有并网水电站 21 处，装机容量 46 台 9300 千瓦，上网电量 1300 万千瓦时。县自来水公司利用金坑岭水库水源，经过处理，可向城区日均供水 1.8 万吨，还在郑家坞建立第二水厂，黄宅、杭坪、檀溪等乡镇也分别建有水厂。县委、县政府为了解决农村饮用水问题，启动"甘泉工程"，拨出专款，扶助各个村庄根据本地实际，分别建立蓄水池引用自来水，或通过管道从另地引水等方法落实。同时，开展农村饮用水提升工程，努力实现城乡供水一体化。2005 年 11 月，浦江县对通济桥水库大坝、溢洪道、输水隧洞等进行全面除险加固，于 2009 年 5 月完成除险加固工程。为抓好饮水安全保障工作，浦江大手笔地兴建水利工程，投资 3.4 亿元建成通济桥水厂，形成了双水厂、双水源、管道互联的供水模式；投资 1.39 亿元建成城乡一体化工程，供水范围涉及 7 个乡（镇、街道）139 个行政村，可满足 32.28 万人的安全用水和 7.09 万亩田地的灌溉需求；投资 4737 万元建设了浦阳江生态补水工程——仙华水库至水厂输水工程。同时，还出台了农村饮水提升改造补助政策，在全省率先实施农村饮水安全提升工程，打造"甘泉工程"升级版，全县农村水质提升工程覆盖率达到 99.5%。

（2）构建水利安全体系。浦江县在大力推进重大水利工程建设与管理的同时，积极做好雨量雨情监测工作，为防汛防台决策提供科学依据。据统计，浦江全县现有雨量观测站点 82 个，其中，近三年新增雨量观测站点 47 个，密度达到 11.2 平方千米每站，超过世界气象组织推荐的雨量站容许最稀密度（100～250 平方千米每站）。水雨情遥测设备全部采用雨润 3000 遥测系统，水雨情信息数据全部进入浙江省水利信息网，极大地提高了水雨情信息的准确性、实时性。同时，全面完成国家基本雨量站"无人值守、有人看管"改造，成为全市第一个全面完成改造的县级水文站。在全县 61 座小（2）型以上水库全部安装水文遥测设备，实现水文遥测设备在中小型水库全覆盖。

（3）健全管理保障机制。浦江县、乡、村相应成立水利工程标准化建设机构，明确各单位在标准化工作中的职责、任务，特别是资金补助、奖罚的标准，三级单位各负其责。建立健全以下保障机制：一是建立"保姆"护水模式，专业管护水利工程。由专业物业化公司负责对小型水利工程进行日常维修养护工作；乡镇负责对物业化公司的考核；水务局负责对乡镇管护工作的监督。二是确保资金保障到位。浦江县水利部门与财政局联合出台《浦江县小型水利工程维修养护资金管理办法》，明确各小型水利工程标准化维修养护拨付标准，每年都以县政府名义下发《推进水利工程标准化管理工作实施方案》。三是实行动态督查方式，巡查人员通过手机 APP 对水利工程巡查过程中的信息进行报送，管理人员通过平台对信息进行分层处置，形成闭合处置流程，确保"痕迹化"管理到位。

3.2 五水共治阶段

党的十八大以来，以习近平同志为核心的党中央始终把生态文明建设放在治国理政的突出位置，持续加快推进生态文明顶层设计和制度体系建设，强力推进污染治理，绿色发展成效明显，生态环境质量持续改善，一幅"生态文明美丽中国"全新画卷徐徐展开。2014 年 3 月 14 日，习近平总书记在中央财经领导小组第五次会议上，提出了"节水优先、空间均衡、系统治理、两手发力"治水思路，强调要坚持山水林田湖是一个生命共同体的系统思想，用系统论的思想方法看问题，为新时代治水工作指明了方向。浦江县坚定不移贯彻党中央、国务院以及浙江省委、省政府的决策部署，提出生态环境工作"决不允许骄傲自满，决不允许掉以轻心，决不允许出现反弹"的"三个决不"要求，继续发扬"一天都不耽搁，一点都不马虎"的浦江治水精神，统筹推进以治污水、防洪水、排涝水、保供水、抓节水为内容的五水共治各项工作，全面启动综合整治工程，推出水环境综合整治工程项目 84 个，投资 60 多亿元，系统推进防洪排涝工程、河道生态工程及生态廊道建设，取得了"三改一拆""四边三化""美丽乡村"等一系列重大战役胜利，打造美丽幸福河，实现了社会发展由治水到转型转变，城乡面貌由干净到美丽转变，基层环境由乱到治转变。

3.2.1 治水兴水之"打响第一枪"

早在 2006 年，浦江治水就已拉开帷幕。2006 年，浦江县第一次对上万家水晶加工户进行规范管理，没有成功；2011 年，浦江县实施第二波整治，希望水晶加工户对污水进行最初步的沉淀处理，但又一次失败了。2013 年 5 月 6 日，浦江召开县、乡、村三级水环境整治动员大会，主要负责人向全县发出动员令：我们不能再等了，无论多么惨烈，这一仗必须打！必须打胜！至此，浙江"以治水为突破口，倒逼企业转型升级"的第一枪在浦江打响。

自 2013 年全面吹响"五水共治"号角以来，浦江已连续获得 2014 年度至 2021 年度"五水共治"优秀县，捧获"五水共治"工作最高荣誉——"大禹鼎"金鼎 8 座。近年来，浦江深入贯彻"绿水青山就是金山银山"发展理念不动摇，以"五水共治"为突破口，全力改善生态环境质量，全域实现城乡面貌转变，加快把"绿水青山"转化为"金山银山"。

1. 系统整治，把握全局

在全局关系上，浦江准确把握"经济发展方式"和"水污染问题"之间的关系。按照"五水共治、治污先行、重点突破、分步推进"的原则，浦江县制订了《浦江县"五水共治"三年行动方案（2014—2016 年）》，明确规定了工作目标、主要工程、时间表等。整个行动方案实施项目共 46 个，项目总投资 50.7 亿元，2014 年度计划投资 28.7 亿元，包括续建项目 13 个、新开工项目 19 个、前期准备项目 14 个。浦江县在"五水共治"的省考中交出了一份优秀的答卷：关停取缔水晶加工户 14197 家，依法拆除水晶违法加工场所 6407 万平方米，关停 12 家重污染企业，关停并拆除禁养区内 203 家畜禽养殖场，疏浚河道 347 千米，清除淤泥 2 万余立方米、生活生产垃圾 9060 吨，浦阳江上仙屋断面高锰酸盐指数、氨氮、总磷浓度比去年同期分别好转 21%、35%、28%，超额完成省生态办确定的"三年三步走"第一年水质目标。

系统整治持续发力。有着"水晶之都"美誉的浦江，发展最繁荣时，全县共有 2 万多家水晶加工户，国内 80% 以上的水晶产品出自这里。但长期以来，浦江的山水却因长年累月的水晶作业而蒙尘纳垢。当地的水晶厂多为典型的小作坊，在粗放的水晶加工过程中，将大量含有玻璃粉末的废水废渣排入河里，加之当地人将固废垃圾、生活垃圾等倒入河中，"牛奶河"、垃圾河、黑臭河一度成为浦江的"黑色标签"。浦阳江成为钱塘江流域污染最严重的支流，出境断面水质连续8年为劣Ⅴ类。自2013年浦江县打响了浙江省"五水共治"第一枪以来，通过对水晶行业、重污染行业、畜禽养殖业等重点行业以及农业面源污染开展"清水零点"行动、"金色阳光"行动，累计关停水晶污染加工作坊2万多家，关停兼并印染、电镀、造纸等企业23家，关停畜禽养殖场725家，清淤430万立方米，全县域"牛奶河"、垃圾河、黑臭河全部消灭，浦阳江上仙屋出境断面水质由连续8年劣Ⅴ类提升至Ⅲ类，51条支流水质全部达到或优于Ⅲ类，饮用水水源地水质全部达到Ⅱ类，饮用水水源水质达标率100%，PM2.5多年平均值51微克每立方米，生态环境质量公众满意度从多年全省倒数第一跃居全省第4位，成为全省首批"清三河"达标县。现如今浦阳江也成为国家水利风景区、国家湿地公园（试点）和最美家乡河。

在关停和拆违的同时，浦江还给广大人民群众想出路，探索经济转型和升级，投资20亿元建设东、南、中、西4个浦江"中国水晶产业园"等，推动水晶产业从低端向高端转变，从根上解决了"水污染源头"和"经济发展路子"问题，不仅实现了生态环境保护和经济发展双赢，还促进了老百姓对地方政府的高度认同。

2. 综合治理，生态优先

在治理理念上，浦江始终践行"生态优先"理念。浦阳江（浦江段）治理2012年率先从浦江县浦阳江白马段堤防应急加固工程开始，先行实施的"新合济桥至第二污水处理段"堤防采用传统硬质护坡，虽满足了防洪排涝要求，但生态景观性较差，离浦江县作为浙江省生态文明建设试点县的目标要求差距较远。因此，2013年8月、11月，浦江县政府先后召开浦阳江流域生态文明建设协调会、浦阳江治理工程生态河道设计方案论证会，改变单纯以防洪为目标的单一设计，及时进行生态治理设计变更，城区河道以防洪为主兼顾生态，农村河道以生态为主兼顾防洪，将城镇防洪、生态治理、清淤疏浚、乡村振兴有机结合，同步推进河道、绿道、廊道、湿地、行洪区"五位一体"建设。

水晶换水景，"五水共治"绘就生态答卷。置身于清风徐徐、碧波荡漾的浦江县翠湖生态湿地内，很难想象这个清丽秀美的小城有过这般过往。

翠湖位于浦阳江中段，曾是著名的垃圾河，每到洪水退后，湖边的树上总是挂满垃圾。而其上游的水库水质也一度是劣Ⅴ类水，无法饮用。整治前翠湖水质为劣Ⅴ类，垃圾厚到人站上去也不会掉入湖中。在2013年前，浦江其实已进行过两次水环境治理，但效果甚微。开展"五水共治"行动以来，为改善浦阳江水质，提升翠湖景观，浦江县实施了翠湖水资源保护复合生态湿地项目。项目实施过程中，浦江共关停取缔流域内水晶加工企业1400家、养殖场17家、废塑加工点38家，拆除违法建筑8.3万平方米，清淤4万多立方米，建设污水收集管网2900米，区域内1092户3490人生活污水实现统一收集、集中处理。

如今的翠湖已从避之不及到趋之若鹜，成为人们休闲的好去处。在翠湖边上，可以看到一块实时监测翠湖水质的电子屏，上面清晰显示着翠湖水质优于Ⅲ类。午后波光粼粼的湖面上，还有嬉水的黑天鹅。洗去水晶污垢的浦阳江，不仅率先被浙江省人大认定为"可游泳河段"，而且连续五年考核优秀，江边污染企业星罗棋布的局面已成为过往。全县500多家水晶企业全部集中到五个园区，已实现"园区集聚、统一治污、产业提升"的目标。

水清景美，带给浦江百姓的不仅有满满的幸福感，更有着实实在在的经济回报。距浦江县城中心4千米处，是前吴村风景如画的通济湖，水库深水生态清淤工程有效改善了通济湖水库水质。如今，通济湖水已达Ⅱ类标准，既成了备用水源，也成了游客的慢生活休闲旅游地。在静谧的湖畔，有着或文艺或清雅或简朴的特色民宿群，近年来吸引了不少游客，打造了旅游新业态。"绿树村边合，青山郭外斜。"通济湖水清了、景美了，"看得见山、望得见水、留得住乡愁"的美丽乡村也随之诞生。

3. 坚持原则，和谐共生

在治理措施上，浦江坚持"五不三增二保留"原则，以促进山水林田湖草和谐共生。即不搞大拆大建、不砍原生树、不动河道沙、不铺硬质护坡、不浇大体量混凝土；增加绿色植物、增加生态配水、增加亲水设施；保留滩林、边滩等河流自然特性，保留古桥古堰古文化。为此，浦江多次主动调整堤型设计结构，将硬质堤防变更为抛石、连排桩等自然驳岸形式，最大可能保留原有边滩、江心洲等天然河道元素，重点保护滩林和岸坡植被，绝不允许无故砍伐；大力开展植树造林，乔灌草藤结合；建设人工湿地，净化水质，恢复生态，恢复水域面积和提高防洪能力；实施水系连通工程，打通流域与流域、库与库以及河、渠、塘之间的连通联网，让清水流起来、动起来，形成一张覆盖全区域、全流域的城乡水网。

4. 强化河长制，凝聚力量

在治理体制上，浦江以"'五水共治'工作领导小组""河长制"为平台，凝聚各方力量共抓综合整治。一是成立了以浦江县地方政府为主导、县机关部门参与的"五水共治"工作领导小组，重新整合水利等各部门力量，下设水晶及重点污染行业专项执法组、水晶园区建设组、基础设施建设组、农业面源污染整治和生态修复组、河道污染整治组、重污染行业整治组、饮用水源保护建设组、防洪排涝组等 16 个小组，各组各司其职，共推浦阳江（浦江段）综合治理。二是探索发展了河长制。浦江是浙江最早实施河长制的县市之一（开始时称江段长），2014年就全面推行集治水、管护、发展于一体，具有综合协调功能的"河长制"，建立落实县、乡、村三级"河长制"。2016年实施"制度化、专业化、信息化、景观化"的水利工程标准化管理，实现了"有人管和有钱管"，做到了"全面管、管得好"。2017年浦江印发实施《关于抓紧做好发布河长制若干工作的通知》，为各级河长更好地履职尽责提供了政策导向。

浦江县始终始终坚持发挥"河长制"的统筹协调作用，不断完善以"河长制"为基础的组织领导和责任落实体制机制，形成由 32 名县级河长统筹引领、72 名镇级河长落实推进、189 名村级河长常态监管、600余名保洁员日清日洁的四级管护格局；常态化运行"河长制"APP。健全河道"警长"、部门"河长"、村级"塘长"、"沟渠长"、排污口"哨长"等一系列机制，实行"一河一策"；建立"河长"APP，推行河长工作日志，形成"一河一档"，不断充实治水档案。严督善导抓落实，出台《浦江县河道地表水江段长制度考核办法》，水质反弹、达不到考核目标要求的河长由县委、县政府约谈、问责。持续建立健全"河湖长"制度，把治水延伸到水网的最末梢，打通"河长制"的"最后一公里"，实现全域水体日常管护的全覆盖。

3.2.2 治水兴水之"三改一拆"

浦江县深入开展旧住宅区、旧工厂区、城中村改造和拆除违法建筑"三改一拆"行动，坚持把"三改一拆"作为"拓空间、促转型，治污染、求美丽，见公平、惠民生，抓队伍、转作风"的有效载体，攻坚克难，务实创新，拆违治乱成效显著。"三改一拆"行动以来，全县122万平方米重点群体违建、98万平方米污染违建、23.1万平方米安全隐患违建全部拆除到位，120个违建重点村全部整治完成，100余名有违法建筑的候选人被取消村级选举资格。拆除了金坑岭饮用水源区的"最牛别墅"、浦阳街道同乐村5.3万平方米的"最大工厂"、浦阳街道群生村7层的"最高楼房"、杭坪镇多达12幢的"最大别墅群"、高梅山占地200余亩的"最大厂区"、石陵畈66.5万平方米的"最重污染"、仙华街道河山集聚近1000名工人的"最大集体违建"。截至2016年3月，浦江县累计拆除违法建筑586万平方米，改造城中村103.9万平方米，旧住宅区127.86万平方米，旧厂区74.95万平方米。重点区域和重点类型的存量违建全部依法处置到位，新增违建防控到位。拆后土地利用率达到70%以上，实行问题销号制、"两网化"查处制，村庄规划等"无违建"制度规划和农民建房保障体系不断健全完善，2015年解决无房户、危房户1247户。经过三年的努力，浦江县的拆违治乱工作维护了法治与秩序，实现了"治污染、保安全、立规矩、求公平、见美丽、促转型"六大目标，不仅换回了绿水青山，推动了转型升级，锻造了一支"能打赢、不服输"的干部队伍，更营造了风清气正的社会环境。

1. 浦江"三改一拆"破旧立新，打造山水大畈

浦江县大畈乡（图3.2）自开展美丽乡村建设以来，乡村面貌发生了翻天覆地的变化，突出星级村改造升级，沿线重点村提档达标，点线面结合，以点带面、连线成片逐步推进，整体提升建设水平。在乡村振

浦江幸福河湖

图 3.2　浦江县山水大畈景色（图片来自"浦江发布"）

兴战略实施过程中，大畈乡下猛药治沉疴，坚决拔除群众强烈反映、阻碍村庄规划发展的违建，从严处置违建行为，进一步向违建户亮明了对违法建设"零容忍"的坚定态度，确保"三改一拆"持续推进。

"破"是为了"立"，"拆"是为了"建"。同时，"破"也是为了更好的"立"，"拆"也是为了更好的"建"。各村全力做好拆后土地利用，按照"宜耕则耕、宜绿则绿、宜建则建"的原则，坚持从改善农村面貌、优化人居环境、加速农村转型升级等实际出发，对每个改造项目都在征询民意、深入调查、摸清底数、依法测算的基础上，因地制宜制定"一地一策"的具体改造实施方案，优先推进农村公厕、垃圾中转站、停车场、文体活动中心等民生实事工程建设，让村民能实实在在享受"三改一拆"的成果。

大畈依托"三改一拆"破旧立新，构建良好的生态环境和村容村貌，群众性精神文明创建活动逐渐推广，更多地保留传承了农村的记忆和元素，发扬工匠精神，打造与时俱进的山水大畈，成就名副其实的"诗画浦江"！

2. "三改一拆"促美丽蝶变，浦江金狮湖化为"城市眼"

"一个湖是风景中美丽、富于表情的姿容。它是大地的眼睛。观看着它的人同时也可衡量着他自身天性的深度。"这是梭罗在著名的《瓦尔登湖》里对湖泊深情的讴歌。

近年来，浦江以"绿水青山就是金山银山"理论为重要指引，围绕着金狮湖——浦江城区唯一一个天然城市湖，以"三改一拆""五水共治"专项行动为主要抓手，开展金狮湖保护与开发工作。

金狮湖（图3.3）以其别具一格的美丽吸引了各类晚会赛事在此举办。例如，2017年浦江中秋晚会"印象金狮湖"在金狮湖举办，2018年"健康中国 魅力河山"国际越野跑挑战赛在金狮湖开跑（图3.4）。这不仅极大丰富了市民的文化生活，满足了市民日益增长的对美好生活的需要，同时也带来了经济效益，带动了周边区域的发展，成为浦江对外宣传展示的一张"金名片"。

3. 浦江"三改一拆"八年攻坚，城市面貌实现美丽蝶变

由脏乱差变身乡村"绿富美"，"低散乱"蜕变成特色商业街，废旧

浦江幸福河湖

图 3.3（一） 金狮湖四季美景（黄永海 摄）

图 3.3（二） 金狮湖四季美景（黄永海 摄）

图 3.4 金狮湖举办活动（图片来自金华市"三改一拆办"）

厂区释放新产能带动营收增长，城中村改造提城市"气质"，旧住宅区改造增添小区"颜值"……

　　2013 年，浦江作为全省违建治理试点县，更是被赋予了为全省"三改一拆"行动"撕开一个缺口、打造一个样板"的治理任务。近年来，浦江在"两路两侧"专项整治、农房确权确违等大量的"三改一拆"工作实践中，凝结和提炼了拆改的"浦江智慧"，形成了新的"浦江经验"和"浦江模板"。浦江将"三改一拆"工作与干部考核紧密挂钩在一起，自 2013 年起，实行全县党员干部"零违建"报告制度，并且在个人重大事项报告、提拔任用公示、候选人资格审查等环节进行严格事先把关。在此基础上，通过建立存量违建"清零"考核机制，倒逼干部主动担当，履职尽责。

拆后利用也是一大课题，浦江县加快拆后利用步伐，提高拆后利用质量。对于拆后的土地，已经编制规划的，要严格按照规划进行开发建设；没有规划的或规划需要修编的，要高起点、高质量进行规划建设，防止违法建筑再滋生。道路两侧、绿地上的违法建筑拆除后，要及时进行道路修复和绿化；耕地、林地上的违法建筑拆除后，要立即组织复耕复植，做到"拆一处违建、治一片环境、收一方效益"。

在"三改一拆"行动中，浦江以丰富的工作经验、创新的工作理念，态度坚决、措施有力，走在浙江省前列，这也是浦江的一块金字招牌。

3.2.3 治水兴水之"四边三化"

自开展"四边三化"行动以来，浦江县各乡（镇、街道）、相关部门鼓足干劲纷纷行动，路边、山边、村边、河边到处都有持续绿化、美化、洁化的身影。浦江县着力打造沿线立体生态绿化系统，底层有花草，高处是乔木，公路、铁路两侧呈现出层次错落有致、线型流畅优美的绿化美景，实现了"四季草常绿，春夏花常开，秋天叶色美，全年景不同"的绿化效果。

岩头镇利用拆后空间，将昔日的杂乱地变成绿化风景线。该镇结合水晶小镇建设，拆除了永在大道与岩郑路交叉口一带的乱搭乱建，并清除乱堆乱放的建筑杂物，清理后的空地上正在建设集休闲、绿化长廊、停车场于一体的小公园。该镇的倪山下新屋自然村已呈现出一幅美丽的田园画卷，而这般美景，是 32 户人家通过拆旧建新、拆多建少、腾出用地空间改造的成果。

杭坪镇妇联在"四边三化"活动中组织人员争分夺秒、加班加点，打造了一支"拉得出，打得响"的"娘子军"，为美化家园、建设美丽新杭坪贡献自己的力量。集中绿化期间，杭坪村至程家村沿线 12 个村 15 千米的通村公路上，每天都有 200 多名妇女参与到"四边三化"的绿化美化当中。

花桥乡高塘村是县内海拔最高的行政村，也是浦阳江源头所在村。因为山路闭塞，村里的青壮年纷纷外出打工，村内仅剩留守的13名老人常住。高塘村支部书记盛森明深知"四边三化"工作的重要，积极带领村民开展村庄美化。除去5名卧病在床的老人，另外8名老人都主动参加村庄的环境整治和美化工作。

在翠湖路，新修的柏油路画上了醒目的行道线，道路两侧设置了花坛，种上了行道树，安装了路灯，房屋立面进行了统一粉刷，店面广告牌也已更新，楼顶违建已拆除，整条翠湖路整洁、亮丽，昔日杂乱无章的"农民街"得到彻底改观。浦郑路沿线两侧设置了由鹅卵石、青砖、竹篱等垒砌、搭建而成的花坛护栏，房屋外立面的整修工作如火如荼，公路边的池塘也得到有效整治，一条秀美、整洁的浦郑路呼之欲出。

3.2.4 治水兴水之"美丽乡村"

2013年6月，从治水"撕开一个口子"开始，浦江打响了建设美丽乡村的重大战役。短短几年，全县的乡村发生了令人惊叹的变化，经历了一个由落后、污染、肮脏到繁荣、洁净、美丽的蜕变过程。

治水引领的美丽浦江建设只是一个良好的开端，当生态日益好转之时，浦江有了更高目标，那便是如何使乡村环境日益美丽，并且是让每一条河、每一段路、每一个村都可以经受检验的"全域美丽"。

党风正，则乡风正。浦江以"四个一"行动为开端，率先从每个乡镇集中力量创建"一条线、一个村、一条街、一个庭院"开始，掀起了"党员带头，全民参与"的创建"两美"浦江的热潮。通过全民创建美丽家园，12000多个"最美庭院"遍布城乡；人人参与垃圾分类，实现了农村垃圾分类全覆盖；大畈乡建光村，原本是县里最有名的"脏乱村"，如今干群齐心协力自发募捐150万元共建美丽家园；黄宅镇上市村成立了村级环境卫生作战室，村两委与农户、企业共同成立4支环境卫生志愿者队伍；白马镇夏张村将全村划分为8个卫生区块，由党员及两委干部作为每个区块的责任人进行监督管理。

1. 同乐村

往日的同乐村，是浦江县塑料粒子和水晶加工点的聚集地，简单粗放的加工方式也为同乐带来了轰鸣的打磨声，肆意横流的废水，还有遍地的垃圾和连片的违建。今日的同乐村，天蓝地净、宜居舒适、村舍如画，美不胜收。前拥浦阳江生态廊道，东临翠湖生态湿地公园，春有浪漫樱花，秋有乔杉问渠，拥有如此得天独厚的地理位置，同乐村无疑是美丽建设的宠儿。村口一口长墨砚形的池塘，水光潋滟，塘沿边以大白花石为坎，池塘中建造亭阁，四周杨柳成荫，花红草绿，红石铺路。步入村内，青砖白瓦马头墙，处处美景，村舍如画。一排排统一门楼的庭院，红花绿树芳草缤。假山流水、多肉繁花，半开放式庭院彰显着生活的品位和气度。

2. 下薛宅村

下薛宅村依山而筑，傍水而居，两座山峰环抱村庄，壶源江绕绕弯弯过村前。下薛宅村口路边有着醒目的金字招牌——全国文明村（图3.5）。国、省、市、县四级文明村，还有村办公室满墙的荣誉，都是下薛宅人骄傲和自豪的资本。村内民风朴实，文明之风盛行，"遵公序，守良俗；讲卫生，洁齐美；倒垃圾，要分类……"文明"三字经"公布

图3.5　下薛宅村

在文化礼堂的"文明墙"上，过往村民都能朗诵铭记。

下薛宅根据条状村居结构，沿着路边修建了文化墙，在墙边种植了黄山栾树、月季花、凌霄花、南天竹、茶梅等，四季有景。月季墙是附近村民最爱的一道风景线，也是 210 省道边不可错过的一景。走进村内，目之所及，一派趣意盎然。旧瓦片拼出栩栩如生的花卉图案嵌入矮墙，砖、瓦、酒坛、轮胎与矮墙融为一体，妙趣横生，构筑了一道别致的新景。

浦江农村素来喜好书画，颇有文艺气息，房前屋后常有几株月季、兰花。受此启发，浦江推出了全县撒草籽种花的"花漫浦江"计划。2015 年年底，浦江县采购石竹、剪秋萝、矢车菊等 7530 千克草花籽，发动全民参与播种，撒向路边、村边、湖边、江边等拆改后出现的裸土，以众志成城的力量推进全域美丽，集人民之力建设浦江美丽乡村。

3.3　美丽河湖阶段

建设美丽幸福河湖是满足人民对美好生活向往的重要体现，也是新发展阶段水利高质量发展的必然要求，更是新时代河湖治理的根本使命。开展美丽河湖建设，对于加快推动美丽河湖向幸福河湖迭代升级，加快构建全域高品质美丽幸福河湖网，努力打造江河流域治理现代化的浦江经验、浦江样板、全国标杆等具有重要意义。

2017 年以来，浦江县实施全域美丽河湖建设，积极践行"安全水利、民生水利和生态水利"理念，坚持全域统筹、生态优先、系统治理、因地制宜、文化引领和共享共管的基本原则，以实现河湖安全流畅、生态健康、水清景美、人文彰显、管护高效、人水和谐为主要目标，以主要江河干流、县域母亲河、自然人文禀赋优厚河湖及美丽城镇、美丽乡村建设范围内河湖为重点，以补齐防洪薄弱短板、修护河湖生态环境、彰显河湖人文特色、提高便民休闲品质、提升河湖管护水平为主要举措，以"望、闻、问、切、评"五字法，高标准全域开展美丽河湖建设，营造更多更好更优的生态、宜居和绿色滨水发展空间，推进

治水实现由净到清、再到美的跃升，使美丽河湖成为诗画浦江的花园水脉、诗路文脉、振兴命脉，打造美丽河湖浦江样板、浦江经验、全国标杆，助推乡村振兴和美丽浦江建设。2017 年至今，浦江县成功创建了浦阳江、白麟溪、壶源江、茜溪、罗家源等 5 条省市级美丽河湖。

自美丽河湖创建工作开展以来，浦江县积极践行"安全水利、民生水利和生态水利"理念，以"望、闻、问、切、评"五字法，高标准全域开展美丽河湖建设，以"调、连、引、活、美"开展农村河湖水系连通，以"五不三增二保留"开展河道生态治理，在保障流域防洪安全的基础上，深入挖掘文化底蕴，协调融合周边环境，充分发挥河湖综合效益。

3.3.1　百里乡愁映两山，美丽河湖浦阳江

浦阳江流域物华天宝、人文荟萃，浦江被誉为"诗画之乡""文化之邦"，浦阳江滋养了一代代浦江儿女，孕育了万年上山文化，成为名副其实的"浦江母亲河"。

曾经，工业的快速发展为浦江带来"水晶之都"的赞誉，但也给母亲河水质带来过严重伤害。治水前，浦江县固废遍地、污水横流，85%以上水体受污染，浦阳江出境断面水质连续 8 年劣Ⅴ类，连续两年被列为挂牌督办和区域限批县，是全省"卫生环境最差县"和"信访大县"。2013 年，践行"绿水青山就是金山银山"理念，浦江全面启动浦阳江水环境综合整治，率先打响了浙江省"五水共治"的第一枪，结合"三改一拆""四边三化"和"浙中生态廊道""美丽浦江"建设，浦江用脱胎换骨般的逆袭，不到三年实现了十余年未见的Ⅲ类水。2014 年起，浦阳江流域饮用水水源地金坑岭水库、通济桥水库的水质常年维持Ⅱ类，浦阳江干流平安桥、黄宅和上仙屋断面均达到Ⅲ类水。2017 年，浦江县持续深入推进"五水共治"，把生态廊道建设作为"五水共治"的新战场，成功创建第一批国家生态文明建设示范县，浦阳江获评浙江"最美家乡河"和金华市第一家"国家水利风景区"。

浦江河湖的华丽蝶变，深刻影响着经济社会发展和人民生活，当水成为一种制约型要素，人们就愈加重视河湖的美丽与健康。通过"五水

共治"，浦江在治河理念、方法措施、管护体制机制等方面上升到更高层次，也为浦江美丽河湖建设奠定了良好基础。"建立河湖健康评价体系和管理体系，完善中小河流治理理念和系统措施，实施水利工程与河湖风光带、文化带同步规划建设"，已成为浦江美丽河湖建设"后治水时期"的目标任务（图3.6为浦阳江三江口湿地治理前后对比）。

图3.6　浦阳江三江口湿地治理前后对比（图片来自
生态环境部"美丽河湖优秀案例"）

1. 巩固安全流畅母亲河

（1）保障防洪安全。综合治理之前，浦阳江两岸堤顶防洪高程普遍在10年一遇以下，有的低于5年一遇，导致沿线洪涝灾害时有发生。投资5亿多元的钱塘江治理——浦阳江综合治理工程，共治理河道67.8千米、堤防71.36千米、堰坝59座，建设生态廊道38千米，水库除险加固6座，山塘整治60座，全面提升了"上蓄、中防、下排"能力，使城镇防洪能力提升到 50 年一遇，农村提升到 20 年一遇，全流域形成了 20 年一遇的防洪闭合圈，提高了浦阳江沿线的防洪、排涝能力，成功抵御多次超 10 年一遇洪水的侵袭。

（2）开展河湖库塘清淤，实施退堤还湖。浦阳江全线 40 多千米的生态清淤，共清理污染淤泥 100 多万立方米，垃圾 5 万多立方米；全国首个大中型水库深水生态清淤工程——通济桥水库生态清淤工程，实现了淤泥的减量化、无害化、资源化处理。完成翠湖湿地、金狮岭水库生态清淤和三江口湿地生态功能修复，新增湿地、水域面积 2 平方千米。

（3）实施水系连通工程。在跨流域调水工程基础上实施浦阳江盆地纵横水网工程，将浦阳江盆地南线以通济桥水库南干渠 80 线和 72 线两条人工水道为轴，将南部自然水道编织成网；北线以金坑岭水库东干渠、通济桥水库北干渠两条人工水道为轴，将北部天然水道编织成网；中线以通济桥水库中干渠为轴，将金狮湖、岳塘水库串联；实施金狮湖城区水系枢纽工程，将通济桥水库等三个中型水库和主要河道渠道集中贯通，形成城市水系中心。最终形成一张覆盖全流域的水网。

2. 维护河湖生态健康

（1）治污截污，保护水体。浦阳江水质差、水环境破坏严重的根源在岸上，问题出在基础设施、产业层次上。全面整治高污染产业，采取多部门协同作战，共计关停水晶加工企业（点）2 万多家，淘汰低端生产设备近 10 万多台，拆除涉水违章建筑面积近 15 万平方米，关停养殖场 807 家，浦阳江水质从连续 8 年劣 V 类提升至 III 类。建立全县统一的垃圾、污水"村收集、镇集中、县处理"的一体化模式。全面开展农村集污纳管工作，投资 8 亿多元的全县农村截污纳管工程都已完工，与之配套的 192 个一体化终端和个人工湿地也建设完成，1200 多个入河排污口都已经消灭，受益农户数达 7.8 万户，铺设管网 890 多千米，全县截污纳管村接户率平均达到 94％，远超省市规定的标准，基本实现了不让一滴污水流入江河湖泊。

（2）保障生态基流，维护水生态环境。针对浦阳江年水量变化大的特点，在现有水系连通基础上，多渠道增加浦阳江生态水量，保证枯水期的生态基流，避免因河道脱水断流影响水生态环境。一是通过通济桥水电站机组、生态流量锥形阀和溢洪道等设施引水入浦阳江，每天按照0.28 立方米每秒的流量向浦阳江生态补水，全年共计补水 883 万立方米。二是在金坑岭水库主坝左岸取用地表水，全年保持生态基流 0.03立方米每秒的下泄流量。为保护渔业资源和水生态环境，五水办、水务、公安、综合执法等部门，联合发布《关于规范公共水域垂钓的通告》和《关于规范公共水域放生的通告》，在饮用水水源保护区范围内，禁止一切捕捞、垂钓、放生行为，在其他区域，禁止电鱼、网鱼，禁止投喂诱饵和使用毒饵，禁钓怀卵鱼、观赏鱼等，依法查处多起非法捕捞案件，并对当事人进行了处罚。修复自然河道形态，因地制宜地保护修复河湖空间自然形态，加强库尾湿地、河流湿地、河道滩地、滩林、江心洲、深潭、浅滩等生态单元的保护修复，提升河湖、水利工程生态效益。

（3）在河道治理过程中，坚持"五不三增二保留"原则。一是重点保护滩林树木。浦阳江沿岸有成片的、树龄在几十年以上的枫杨、枸树，绿树成荫，是河道生态系统的有机组成，也是浦阳江最宝贵的生态资源。因此，浦阳江治理工程严格保护滩林树木，能保留的必须保留，能回避的必须回避，施工期不得无故砍伐。二是及时调整堤型结构。改造老旧硬式堤防为抛石、连排桩等多种自然驳岸形式，改造、新建生态堰坝 59 座，河道岸线基本保持原样不变，保留原有边滩、江心洲等所有天然河道元素，只对堤防堤脚采用叠袋混凝土防冲，堤后进行加宽加高。对生态保持好的地方原有老堤全部保留，按"防冲不防淹"理念，扩大泄洪断面，达到设计标准。三是乔灌草结合，改变堤岸硬质化。大力开展植树造林，种植本地树种。改实心六角块护坡为空心六角块，上铺种植土，再播撒草籽。将原设计混凝土防浪墙改为花台，种植绿色藤蔓、花卉，将堤顶形成一条花带。共计绿化美化草坪 30 万余平方米，种植芦苇、美人蕉等水生植物 30 万余株。四是建设人工湿地。在每条支流的入江口、污水处理厂的排水口都建立相应的人工湿地，利用原有河滩或新租用低洼地，与河道治理相结合，不但净化水质恢复生态，还增加了水域面积，提高了防洪能力。通过实施"一厂一湿地""一库一湿地""一河一湿地""一村一湿地"等，水质得到提升，湿地成为一处处新的景观公园，成为百姓休闲的好去处。

3. 彰显水文化特色

浦江水文化遗产包括物质遗产，历史遗迹、遗存，治水人物和用水习俗。物质遗产包括：浇灌稻田水车（手摇、脚踏式）、拗井桔槔等取水工具，水碓、水排、筒车等古代水利机械；古堰坝、古埠头、古井、古塘（三湖、鹤塘）、古桥、古碇步、古碑刻石记等涉水设施。历史遗迹、遗存包括：水仓、江南坎儿井——嵩溪、登高村古自来水、礼张村禁堰碑等。治水人物包括：大禹、钱侃、达鲁花赤那海、潘祖庭、"新水利人"等。用水习俗包括：排运、禁堰制度、轮灌制度等。

沿浦阳江上溯，稻田连绵起伏深处，上山考古遗址公园镶嵌其间。上山是世界稻作农业的起源地。2020年，在上山遗址发现20周年之际，"世界杂交水稻之父"袁隆平写下"万年上山 世界稻源"的题词（图3.7）。

图 3.7 "万年上山 世界稻源"（图片来自"钱江晚报"）

浦江水文化源远流长，现今仍保存的一些古代碑刻（图3.8），蕴藏着古人的治水智慧。

浦江被誉为"书画之乡""百年书画兴盛地"。素有"书画第一村"称号的岩头礼张村（图3.9）是浦江书画文化的发祥地，岩头镇自古以

禁堰碑[宣统二年（1910年）立]　　　　大睦碑记[咸丰八年（1858年）立]

图 3.8　浦江碑刻

图 3.9　浦江书画发祥地——礼张村（图片来自浦江县人民政府网站）

来书画名家辈出，孕育出"翰墨飘香 丹青溢彩"式的乡贤文化。

水文化与浦江地域文化不断结合，繁荣了乡村文化内涵体系。水文化与上山文化结合，展示了水利在农业生产中的作用；水文化与浦江义门文化、耕读家风、乡贤文化、家训家风等乡村世代积累的优秀道德文化结合，与礼张村、嵩溪村、新光村、建光村等古村落传承至今的吟诗作画民风民俗结合，提升了水文化品味；水文化展馆与古村落保护、文化礼堂建设相结合，集中展示了古代、现代水利发展和水利科技，丰富了乡村文化生活。

3.3.2 孝义白麟溪，华美幸福河

白麟溪，一条细细长长的溪流由西向东横贯郑宅古镇，小桥流水，青砖黛瓦，充满古韵。白麟溪发源于玄鹿山，在芦溪村北汇入浦阳江，主流长 11.8 千米，流域面积 15.63 平方千米。元朝末年，右丞相脱脱巡查来郑义门，亲题"白麟溪"三个大字，郑氏家族镌刻于碑，立于白麟溪畔（图 3.10）。

据《光绪浦江县志稿》记载，白麟溪在"县东二十二里，义门郑氏居于此"。1099 年，浦江郑氏始迁祖郑淮迁居白麟溪，历经宋、元、明三朝三百六十多年，郑氏家族恪守廉俭孝义家规门风，创造了十五世同居 3000 人共食，历朝共 173 人为官，无一人贪赃枉法、无不勤政廉政的家族传奇，被明太祖朱元璋旌表"江南第一家"，建文帝赐封"郑义门"。

近年来，浦江郑宅镇以打造孝义白麟溪美丽幸福河为契机，结合美丽乡村建设规划、美丽城镇创建等内容，实施了主要支流治理、水文化挖掘整理、水生态修复提升等提升改造工程，致力于进一步弘扬孝义文化，提升"江南第一家"景区品质，振兴乡村特色产业和增进人民群众福祉。

1. 河湖治理，确保工程安全

浦江县曾于 1974—1978 年以干砌块石护砌加固白麟溪堤防 1794 米，新建堰坝 13 座，便桥 5 座。2007 年对郑宅镇区范围河堤进行加固，修建防洪护堤 8024 米。

图 3.10　白麟溪碑（图片来自"小浦有趣事"）

2020 年，浦江县投资 385 万元完成美丽河湖项目——白麟溪支流后溪滩河道治理工程，以保障水安全为基础，修复护岸 323 米，木桩加固护岸 200 米，加固 20 余处受损护岸，提升河道防洪能力至 10 年一遇；以改善水生态为关键，在河道流经处增设小型人工湿地一处，保留原有水生植物，种植各种类苗木 618 株；以增进人民群众福祉为根本，修建堰坝 6 处，改造便桥 5 座，新增护岸取水台阶 6 处，极大地方便了农民灌溉取水和沿途村庄生活需求；同时，在金山水库新建观景平台 1 座，修建休闲绿道 1.5 千米，串联了郑宅镇区和金山水库，直接打通了贴近百姓生活的"最后一公里"。

2. 生态治理，维护河湖健康

自 2018 年 7 月起，浦江在全县范围内开展以截污纳管、源头管控、规范排水为重点的"污水零直排区"建设工作。2019 年 8 月，浦江全域基本建成"污水零直排区"。2020 年，郑宅镇制定《"污水零直排区"建设百日攻坚行动方案》，对行政村、生活小区、工业企业、园区、餐饮单位和六小行业明确工作职责和工作内容，全面消灭污水直排入河现象。

在白麟溪（图 3.11）和后溪滩河道治理过程中，采取"五不三增二保留"生态修复保护措施。同时，在传承中发扬创新，开创性地开展白麟溪"好家风＋党建＋河长制"管护模式，设立镇级河长 1 名、村级河长 3 名、河道保洁员 2 名，把河道保洁、水质保护纳入家风指数考评，形成了全民自发爱水、护水的良好氛围。

在白麟溪"江南第一家"段河道治理中，因河道流经古镇区，为保

图 3.11 白麟溪（图片来自"小浦有趣事"）

持古镇风貌,不对堤防、岸线进行大规模改造,只对水毁、破损处采用干砌石工法进行修复;对受损堰坝采用本地石材修旧如旧,整体保持"江南第一家"段古镇、小桥、流水风貌。针对河道流经农田的实际情况,不动用工程机械施工,全靠人工;不移除河道内原生杂草、杂木,保留河道原有水生植物,保护动植物生境;针对滨岸带植物群落不完整问题,补种枫杨、水杉、日本晚樱、月季、麦冬、络石藤等植物,乔灌草藤相结合,完善植物群落层次。

3. 文化挖掘,彰显人文情怀

白麟溪是浦江文化底蕴最深厚的河流之一,述说着"江南第一家"的"孝义"文化传承,留下古桥、古堰、古闸、古井等众多水文化遗存。

白麟溪美丽河湖建设进一步挖掘白麟溪孝义文化。玄麓山"玄麓八景"、白麟溪"十桥九闸""孝感泉"、镇区"牌坊群"背后都有一段深厚的故事。在水文化建设中,建设单位还查阅《浦江县志》《浦江文化志稿》《浦江县水利志》等古籍、资料,收集到大量关于白麟溪的故事传说、民间风俗、水文化故事,通过家文化 logo、标牌展牌、文化小品、碑刻、廉政教育展览馆等展示形式,一体融合到幸福河建设大框架内,进一步弘扬郑义门孝义文化。幸福河建设带动郑宅镇乡村旅游业蓬勃发展,"江南第一家"景区、民宿游客接待量逐年增长;郑宅镇营造灯彩小镇的夜间旅游气氛,板凳龙夜间表演活动场景热闹非凡,夜经济让"江南第一家"古镇焕发生机,更具"烟火气"。2020年,全镇乡村旅游共接待游客 112 万余人次,夜间游客量 9860 人次,占全年的 36.1%,相比 2019 年增长了 3480 余人次。随着浦江全面推进幸福河建设,郑宅孝义白麟溪已成为一条美丽、健康、平安、宜居的富民之河。

3.3.3 百里乡愁映两山,美丽河湖壶源江

旧志曾记载,壶源江(图 3.12)原名湖溪,又称湖源、壶溪、岩坑,因其源头山形如壶而得名。蜿蜒曲折、河湾众多是壶源江最原始的形态特征,素有"九曲十湾"之称。

图 3.12 美丽壶源江（赵黎 摄）

壶源江流经杭绍金"三府"之地，由村落、河流、山林、田畈组成，自宋代，杭坪、虞宅、潘周家等村落初步形成，千年筏运水道、陆路古道、古桥、古渡、古碇步、祭拜古水庙、杭坪摆祭等水遗产和水文化习俗丰富多样。面对这一山区河道，浦江坚持不搞大拆大建、不砍原生树、不动河道沙、不铺硬质护坡、不浇大体量混凝土；增加绿色植物、增加生态配水、增加亲水设施；保留滩林、边滩等河流自然特性，保留古桥古堰古文化的"五不三增二保留"原则，开启了精雕细琢的"秀美"之路。

1. 巩固安全流畅河湖

（1）保障防洪安全。曾经的壶源江堤防年久失修，破损严重，农田和村镇时常受到洪水侵袭。总投 3300 余万元的壶源江综合治理工程将"村镇防洪、生态治理、文化融合、乡村振兴"结合，治理河道 10.18千米，加固修复护岸 4.77 千米，新建改造生态堰坝 9 座，增加水域面积 0.13 平方千米，村落防洪标准提升至 10 年一遇，农田提升至 5 年一遇，成功抵御了多次洪水侵袭（图 3.13 为壶源江潘周家段鲤鱼堰）。

（2）实施水系连通。实施水系连通、引水入村工程，壶源江畔的檀溪镇平湖村最具代表性，通过"调、连、引、活、美"五字战法，村头进水，村尾湿地，千年古渠，九曲十湾，既方便各家各户生活用水，又调节村内小气候，营造出"门外青山入屋里，东家流水入西邻"的天人合一生活环境，实现了水清村富。

2. 维护生态健康河湖

（1）治污截污，保护水体。"五水共治"前，壶源江沿岸水晶产业

图 3.13　壶源江潘周家段鲤鱼堰（傅俊辉　摄）

的高排放、高污染，让百姓苦不堪言。按照全县"五水共治""三改一拆"统一部署，全流域各乡镇共关停水晶加工户 300 余户，关停养殖场 8 家，实施覆盖全流域的农村生活污水治理工程和垃圾分类，建设人工湿地 31 处，消解农田面源污染，基本实现了不让一滴污水流入壶源江，出境水质常年达到Ⅱ类标准，壶源江全线率先被省人大认定为"可游泳河段"（图 3.14 为壶源江深渡段）。

图 3.14　壶源江深渡段保留深潭浅滩

（2）修复自然河道形态。在河道治理中，坚持"五不三增二保留"原则，尽量做到增加绿色植物、增加亲水便民设施、增加生态流量，保留河道古文化、保留河道自然属性（图3.15为壶源江前方段）。

图3.15 壶源江前方段保持河道自然蜿蜒形态

河道堤线基本顺应河势，保持薛下庄、仓来—夏黄等河湾的自然形态，维持天然状态下的河道宽度和过水断面。全流域保留河滩地、江心洲、湿地、古树等河流自然要素，对河道易脱水段，新建或改造下游堰坝，维持生态基流。

（3）保障生态流量。壶源江流域的水电站、堰坝均设有泄放生态水量设施。2019年9月，浦江县水务局、金华市生态环境局浦江分局公布《关于公布浦江县外胡水库等15座水电站生态流量的通知》，按规定泄放壶源江流域6座水库、电站的生态水量，确保河道生态健康（图3.16为外胡水库）。

3. 彰显特色文化河湖

（1）挖掘展示水文化遗产。壶源江流域历史悠久，杭坪、虞宅、潘周家等村落历史可追溯千年，壶源江美丽河湖建设深入挖掘沿线虞大睦、神仙堰、平湖古渠、大洑堰、板凳龙（图3.17）、杭坪摆祭（图3.18）、搓马等水文化遗产和治水用水习俗，以文化小品、景石等方式展现，一组展牌组成水文化展示长廊，从探秘壶源、壶源新十二景到古

图 3.16 外胡水库（赵黎 摄）

桥、古堰、古埠头，突出展现壶源江水文化；从盘洲溯源、盘洲八景到古厅堂、古井，展示壶源江地域文化。

图 3.17 板凳龙（图片来自"浦江发布"）

图 3.18　杭坪摆祭（图片来自"浦江微讯"）

（2）水利工程体现当地文化特色。壶源江的堰坝（图3.19）、亭廊的命名大多与当地文化结合。潘周家段的黄石堰、鸣鸠亭取自《盘溪八景》组诗对"盘畈春耕"的描述："四顾云林来布谷，一犁膏雨应鸣鸠"。狮溪堰，是盘洲八景中的"石狮喷水"的所在地。

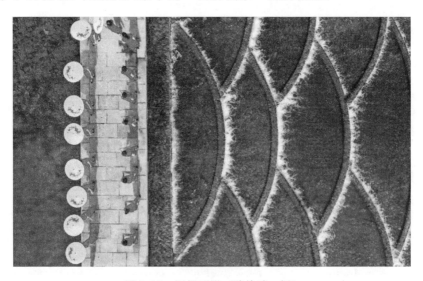

图 3.19　堰坝丽影（魏礼鸿　摄）

（3）创新宣传展示形式。将水利标准化管理与景区村导览系统结合，在壶源江沿线及重点区域设立标识标志牌。一块标牌上，既有导览导视功能，又有河长制、水情工情、水法规宣传、警告禁止标志等内容。

4. 健全管护体制机制

（1）建立立体化河长体系。2011 年，浦江首推江段长制，并且随着工作需要和要求提高，壶源江流域不断完善河长制，增加了警察河长、部门河长、技术河长、村级"塘长"、"沟渠长"、排污口"哨长"等一系列辅助河长，以及人大代表、政协委员参与的监督机制。壶源江流域各乡镇构建了由乡镇级河长统筹引领，村级河段长落实推进，村级网格员、河道保洁员长效实施的立体化河长体系。建立了河长公示牌，详细列出姓名、职务、联系电话及投诉举报电话、管治目标任务、河长微信群二维码。

（2）加强河道管护。全面开展"清三河""清四乱""污水零直排"创建工作，对壶源江流域干支流，形成"一河一策""一村一台账"，每月开展"最美河段""最差河段""最美保洁员"评比，并投入 100 余万元专项治水资金，对河道进行清垃圾、清污水、清淤泥、清违建，对河道施行物业化清漂保洁，彻底恢复了水清、水净、水洁面貌。2016 年，浦江县获批全省首批无违建县称号。

（3）实施堤防工程标准化管理。落实管护经费，明确管理主体，明确管理责任人，实施壶源江堤防工程标准化管理。对全线进行划界确权，明确管理范围，并由县政府公告，河道保洁全覆盖；开展汛前汛中检查、暴雨台风检查，完成度汛方案编制，全线设置视频监控；开展堤岸维修养护，及时完成水毁修复。

5. 促进人水和谐

（1）增加亲水便民设施。新建水利工程贴近生态、融合自然。鲤鱼堰，坝身形似鱼鳞，水流过时激起层层白浪，增加曝氧量，好似"鲤鱼跃龙门"。防浪墙用防腐木再包装，背面种上翠绿色的爬山虎和常春藤，设置美人靠和花箱，便于村民休憩观景。以绿道贯通江两岸，种植紫荆花、紫薇、木槿等开花乔灌木，设置桥、亭、廊观景停留点，绿道串通

浦江幸福河湖

景点，又与自然融合。在壶源江潘周家段，修旧如旧的埠头、骑马木桥，天然的河滩、石头阵随处可见，人们下水摸螺蛳、抓螃蟹、打水仗，白鹭不时落下捉鱼，人与自然一派欢乐祥和（图3.20）。

图 3.20　快乐骑行队（高攀　摄）

（2）推进乡村振兴。因水而名，因水而兴。壶源江流域借势打造多条"旅游精品线"和"乡村夜经济精品线"。马岭民宿、田后蓬民宿、柳秀坑口民宿一铺难求；九母岛引进全县首个"坡地村镇"项目，总投资8亿元，打造成国际康养度假区；下湾村"太极水涧"、新光村创客基地，每逢节假日游客在万人以上。2019年暑期，上河村"网红堰坝"更成为营销热点，日平均游客达到一万人，村里相继开张15家精品民宿，每户营收超过50万元。

西部水晶园区、挂锁集聚区依江而建，大型亲水乐园、滨水公园、红色乡村旅游、文化旅游、农村电商、民宿、农家乐一派勃勃生机。治理后的壶源江带来了乡村产业兴旺、生态宜居、乡风文明。

壶源江流域2个乐水小镇、10个水美乡村交织构成了一条条美丽乡村精品线，幸福壶源江以"一村一品一水景、一镇一韵一水乡、一城一画一水廊"全流域幸福样板，唤起了乡愁，提升了人民福祉，真正成为一条"幸福河"（图3.21）。

图 3.21　壶源江滨水文旅产业（郑建东 严欢欢　摄）

3.3.4　灵秀茜溪悠谷，缔造美丽河湖

朱宅源，早在宋元时期就被称作"茜溪"，位于浦江西部历史人文积淀丰厚的千年古镇——虞宅。茜溪是钱塘江流域壶源江源头支流之

一，发源于浦江与建德之间的天雷山，流经马岭脚、程丰、智丰、新光、下湾、利民、西山等十余个古老村落组成的河谷平畈，在前山畈汇入壶源江干流，全长11.8千米，流域面积约40平方千米，流向自西向东大致与210省道平行，向西20千米可达富春江桐庐段，向南15千米连接浦阳江城区段。

茜溪流经的虞宅乡是浦江水晶玻璃产业的发源地，早在20世纪80年代，就有水晶玻璃工艺品加工企业落户虞宅。随着规模扩大和产值提升，茜溪旁的新光村、智丰村等成为全国知名的磨珠专业村。随着水晶打磨、加工业快速向全县各村镇扩展，到2012年，浦江的水晶工厂和家庭作坊式企业已达到2.2万家，从业人员达20万人。快速发展的水晶产业，带来了可观的经济收入，但环境问题随之而来，一些家庭作坊式的水晶加工户废水直排、固废乱堆、肆意违建，使河流生态环境受到前所未有的破坏，茜溪成了"牛奶河""垃圾河"。

以牺牲生态环境为代价，换取短期经济利益快速增长，是一种得不偿失的发展方式。痛定思痛，浦江以"绿水青山就是金山银山"理念为指引，落实生态文明建设发展战略，2013年率先打响了浙江省"五水共治"的第一枪，以治水为主线，开展"三改一拆""四边三化"建设，通过壶源江综合治理、小城镇环境综合整治，坚持问题导向，狠抓环境整治，带动了虞宅乡19个行政村进行全域改造、全域整治，使茜溪流域水质恢复到水功能区的Ⅲ类要求，村落环境得到巨大改善。茜溪悠谷景区（图3.22）被评为国家AAAA级景区，茜溪流域产业经济也实现了换道升级，参与新业态的农民收入显著提升，茜溪从一条污水河变身成为浦江乡村旅游的靓丽名片。

1. 统筹岸上岸下，实现产业兴旺

（1）推动水晶产业升级换代。浦江县按照"问题在水里、根子在岸上"的基本思路，全面开展低小散产业、畜禽养殖行业、农村生活污水等整治。在关停和拆违的同时，又给广大人民群众想出路，探索经济转型和升级，投资20亿元建设"东、南、中、西4个浦江中国水晶产业园"等，推动水晶产业从低端向高端转变。虞宅乡积极配合上级政策，整治全乡水晶加工点2247家，整合企业120家迁入西部水晶园区。从

图 3.22　茜溪悠谷轻度假区

根上解决"水污染源头"和"经济发展路子"问题，不仅实现了生态保护和经济发展双赢，还促进了老百姓对地方政府的高度认同[①]。

（2）打造旅游新业态。创新旅游开发模式，推行"官办民助"模式，由乡政府和青年创业联盟共同发力，成立了新光村廿九间里旅游青年创客基地（图 3.23）和双井房文创园。乡政府前期充当投资者角色（官办），不仅为创业者免租三年、提供信息通信支持，还尽力争取税费减免、融资信贷等优惠政策，着力对古建筑进行修缮，进行基础设施建设，打造了独特的环境氛围；随后引进第三方力量——创客联盟，负责开发运营（民助），在制订创客基地发展规划的基础上，引导创客深度挖掘当地资源环境和人文历史价值，吸引来自各地的创客开设店铺，不仅包括非遗手工类、地质科普类，也包括民宿类、轻餐饮类等类型，十分适合亲子活动、康养旅游、研学写生等。同时，跟随电子商务的浪潮，搭建线上平台，将基地里的线下体验和网络上的线上消费融为一

---

① 杨轶，赵鹏. 在法治轨道上推进水利治理体系和治理能力现代化——访水利部政策法规司司长张祥伟 [J]. 中国水利，2020（24）：4-6.

体①。创客基地获得极大成功，被评为 2015 年度旅游产业融合创新奖。目前有店铺 30 家、掌柜 44 人，周末游客最多能达到 1 万人。

图 3.23　新光青年创客基地（高攀　摄）

（3）发展特色村。坚持高端引领、品牌带动，"高大上"与"小而精"相结合，形成"一村一景""一村一品"。投资 7000 万元，将马岭村成功打造成为高端民宿"不舍·野马岭中国村"，不仅成为了乡村旅游的亮丽名片，也引领了当地民宿产业的发展；引进 2200 万元省自驾游基地项目建设，将新光村打造成为全省自驾游样板基地；下湾村（图 3.24）以乡、村、工商资本合作模式与浙江顺途资产管理有限公司完成项目签约，投资 4500 万元开发了"隐逸·太极水涧"项目；乌儿山自然村建成浦江最大香榧采摘游基地；枫树下自然村投资 4000 万元建成了"花间里·枫树下"千亩花创基地项目，突出花食、花咖啡、鲜花民宿、鲜花养生等产业，成为集循环农业、创意农业、农业体验于一体的鲜花田园综合体，实现了生态农业、休闲旅游的关联共生、长效发展。在高端项目的示范带动下，原来从事水晶加工产业的人纷纷向乡村旅游

① 浦江县林业局. 创客乐园 休闲新光 [J]. 浙江林业，2018（9）：2.

转型，收入不减反增，实现了经济发展与美丽生态兼得，"绿水青山"与"金山银山"齐飞。

图 3.24 下湾秋色（张敢干 摄）

2. 综合整治环境，实现生态宜居

（1）打造美丽河湖。2013 年以来，虞宅乡坚决贯彻浦江县委、县政府"五水共治"部署，关停取缔水晶加工户 2247 家，清理垃圾河、黑河、臭河 68 条。针对点源污染治理，虞宅乡关停了禁养区内的 6 家养殖场，对剩余的 3 家规模养殖场排泄物实行干湿分离、雨污分流，并全部运往山地蔬菜和蜜梨田进行消纳，实现 100% 资源化利用。全面实施覆盖全乡的农村生活污水治理工程，因地制宜采用截污纳管、联户、差异化治理三种模式，铺设管网 1.2 万米，改造化粪池 300 余户，建设湿地 15.37 亩，所有村的生活污水治理全部得到覆盖。将美丽庭院创建、农村生活污水治理、垃圾分类等工作与美丽乡村建设有机结合，创建美丽庭院 250 余个，建设人工湿地 1 万余平方米，实现垃圾减量 50% 以上，等等。通过综合整治，全乡河湖生态环境得到全面改善，境内河流水质均稳定在Ⅱ类。2019 年茜溪被评为浙江省美丽河湖，2018 年茜溪绿道被评为"最美绿道"。

（2）打造最美民居。狠抓落实"三改一拆"工作，拆除违法建筑 6.6 万平方米，并将拆违后区块进行绿化美化。按照县委、县政府提出的"美丽田园诗、古朴山水画"要求，积极开展茜溪美丽乡村精品线建设。按照"一村一品"规划，融入历史、生态、文化、民俗等多种元素，延续历史文化基因，活化乡村记忆，完成前明村等 6 个节点建设，以及前明、西山等自然村 165 户农房改造安置，并对新建农房外墙立面实施改造，累计投资达 3000 余万元，新光等 3 个村被评为省级美丽宜居示范村。

（3）打造最美古道。古道对古代区域间经济流通、商业发展、文化传播等起了重要作用，具有较高的文化旅游价值。虞宅乡古道资源丰富，较为知名的有马岭古道、瞿岩岭古道、黄岭古道，因现代交通的发展，这些古道一度荒芜。依托古道沿线良好的水生态环境和秀丽风光，迎合现今火热的古道，虞宅乡积极实施了古道修缮工程，清除杂草、修复石板、重建凉亭，把古道承载的历史和文化重新展现于世人。在 2015 年浙江省最美森林古道评选中，马岭古道被评为"浙江十大经典古道"。

3. 挖掘乡村文化，彰显乡风文明

（1）发扬孝义文化。2019 年，浦江县以"江南第一家"168 条《郑氏规范》为蓝本，在茜溪全域全面推行"家风家训"，创新建立"5＋1"好家风评价体系，将遵纪守法、邻里和睦、环境卫生、家庭和谐、诚信致富五项内容纳入村民考核内容，每季度开展一次评比，设立"红""黄"榜，将评比结果及时张榜公布。还把党员"就近就亲就便"联系农户网格作为治理单元，由每名党员担任网格长，联系5～10户农户，发动群众共同做好网格内河湖环境卫生整治、民生实事帮扶、法律法规宣传等工作。各行政村还将"五水共治""垃圾分类""美丽乡村"等内容纳入村规民约之中，各村纷纷设立好家风墙、好家风路，建立好家风档案，把"好家风指数"作为征兵政审、各类评选的重要依据，以看得见、摸得着、感受得到的方式，共同倡导家风正、民风淳、社风清的善治风尚，带动乡风文明持续好转。

（2）发展非遗文化。虞宅乡新光村底蕴丰厚，民俗文化留存完整、长久：灵岩板凳龙，由几十节、几百节板凳串联而成，阵形变化丰富，夜晚时分，灯内烛火通明，犹如一条真龙在村庄里盘旋升腾，2006年，板凳龙被列入首批国家级非物质文化遗产。浦江乱弹（图3.25），以浦江当地民歌"菜篮曲"为基础，在"诸宫调"讲唱艺术和戏剧南戏的相互影响下形成和发展起来，曲调流畅、舒展，表演粗犷有力，具有农民艺术的特色。2005年5月，浦江乱弹入选浙江省首批非物质文化遗产名录。什锦班活跃于浦江各种民俗活动中，是浦江乱弹的重要表演形式。起源于朱宅新屋的徽班乱弹，是浦江有文字记述的最早创办的徽班剧团，也是首批国家级非物质文化遗产浦江乱弹的重要组成部分。新光村还有省级非遗项目浦江豆腐皮，市级非遗项目试水龙、梨膏糖，县级非遗项目清明粿、索粉面，等等。

（3）发展乡创文化。2015年引进以陈青松为代表的浦江县青年联盟，共同打造廿玖间里青年创客基地。这是一个将创客工厂搬进百年古宅的青年团队，他们努力将乡村改造成为"文化＋旅游＋互联网＋创客"的共生孵化模式，向人们传递"随心、随性、随行"的乡村旅游理念，为更多的大学生创业者搭建平台，开创青创店铺48家。坚持文化赋能，强化"保护-利用-开发"，召开文化挖掘和保护例会，设计诒谷堂展陈，举办"国潮节"等特色文化活动，增强文旅厚重感，单日游客接待量达3

浦江幸福河湖

图 3.25 浦江乱弹（图片来自浦江县人民政府网站）

万人次。抓住"直播带货"新机遇，对接第一网红直播村义乌江北下朱，联合廿玖间里青年创客基地开展助农直播，大力发展直播文化。2021 年 5 月 1 日，浦江县县长亲自直播推介，多平台累计观看超过 1600 万人次。

4. 完善社会治理，实现治理有效

在推行"河长制"的基础上，虞宅乡全面开展"清三河""污水零直排"工作，对河道进行清垃圾、清污水、清淤泥、清违建，对河道施行物业化清漂保洁，彻底恢复了水清、水净、水洁面貌。

（1）创新河湖治理手段，实现以河养河。在浦江县壶源江流域，充分利用山区河道自然风光独特的优势，积极探索个人承包、公司承包、集体承包，以及股份制承包、合作制承包等承包模式，实现经营权出让。每千米河道年均收取出让费用 200～500 元，每千米河道年均增收 8000 元以上，收取的费用全部用于河湖管理。仅此一项，村集体每年可增加收入 1 万元，节省保洁经费和渔业巡逻管理费 1 万元，村民每年增收 2 万元以上。

（2）强化基层治理。抓牢党员队伍，突出红色引领机制。累计出动党员 2 万余人次，带头整治河湖和农村环境卫生，清理乱堆乱放，成为引领全民参与整治的旗帜。锤炼年轻干部队伍，组建青年突击队。坚持整治"全乡参与、青年先行"，由 35 岁以下乡干部组建青年干部突击队，参与侯中公路两侧交通疏导、门前屋后卫生整治、垃圾分类排查劝导。自成立以来，突击队开展全面整治行动已达 50 余次，成为虞宅乡小城镇综合整治的一面旗帜。

5. 持续改善民生，实现生活富裕

茜溪流域虞宅乡的华丽转变，只是浦江县"五水共治"的一个缩影。可以说，大美浦江不仅使每一位浦江人都"望得见山，看得见水，记得住乡愁"，也让慕名而来的外地客流连忘返，沉醉于诗画浦江（图 3.26 为茜溪春色）。初步统计显示，通过系统治水，浦江生态环境公众满意度由 2013 年的多年连续倒数第一升至 2020 年的全省排名第二。与此同时，生态环境改善又倒逼了一、二、三产业的改造升级，给浦江带来了实实在在的好处。全县旅游收入由 2013 年的 16.97 亿元增至 2020 年的 210.1 亿元，水晶行业税收由 2013 年的 0.3 亿元增长至 2020 年的

2.15亿元。全县 GDP 由 2013 年的 175.41 亿元增长至 2020 年的 230.16 亿元，城镇居民的人均可支配收入由 2013 年的 30711 元增至 2020 年的 48326 元，农村居民的人均可支配收入由 2013 年的 12389 元增至 2020 年的 23306 元①。

图 3.26　茜溪春色（赵新尧　摄）

茜溪流域的虞宅乡新光村（图 3.27），先后获得国家级美丽宜居示范村（第四批）、全国十大跨界旅游创客基地、全国生态文化村、中国乡村旅游创客示范基地、第二届中国美丽乡村百佳范例、2020 年第一批国家森林乡村、2020 年第二批全国乡村旅游重点村，大踏步走上了生活富裕的康庄大道。比如为丰富新光村乡村旅游业态，满足游客娱乐多样化需求，引导游客二次消费，2018 年，新光村引进金华弘瑞旅游开发有限公司投资建设元宝山玻璃天桥及周边娱乐设施。该玻璃桥每天可容纳 8000 人观光体验，年收入达 240 万元。

系统治水释活力，乡村振兴焕新貌。浦江群众钱袋子鼓起来了，知水爱水节水护水的意识也提高了。如今在浦江，收缴水费已不再是什么难事，广大群众还自觉参与河道管护，与政府部门一起守护好绿水青

---

① 吴浓娣，刘定湘，郭姝姝，等. 系统治理以"案"说"法"——看浦阳江（浦江段）如何脱胎换骨 [J]. 水利发展研究，2020，20（11）：4.

图 3.27 新光村（图片来自"浙江建设"）

山，守护好金山银山①。

3.3.5 清水出芙蓉，天然去雕饰

罗家源为壶源江重要支流，全长 16.6 千米，流域面积 32.5 平方千米，发源于檀溪镇罗家村天雷岗，流经罗家、前溪、盘山、大坎等村，于外罗家村处汇入壶源江。近年来，浦江县全力提升河湖水环境，努力打造美丽河湖创建样板，通过层层筛选，确定罗家源为 2018 年省、市级美丽河湖创建对象，并经 2018 年度浙江省各市市级"美丽河湖"筛选评定，浦江县罗家源榜上有名。

罗家源的治理目标是充分利用河道得天独厚的资源禀赋、历史悠久的治水文化、独特的地理优势，以"全域、全民、全景"为主线，以罗家源小流域综合治理为基础，统筹水利、生态、文化、休闲、运动、旅游等方面建设，将美丽河湖建设发展纳入浦江全域旅游发展计划，与乡

---

① 吴浓娣，刘定湘，郭姝姝，等. 系统治理以"案"说"法"——看浦阳江（浦江段）如何脱胎换骨 [J]. 水利发展研究，2020，20（11）：4.

村旅游、农家乐、民宿的发展相结合，与休闲农业、景观农业相结合，最终走出一条以水环境治理为抓手，以水利工程生态治理为基础，以河长制管理为前提，实现美丽河湖的创建，再以美丽河湖的建设促进美丽产业发展的可循环之路。

1. 系统化治理，实现水清河畅

美丽河湖创建将河道治理与水环境整治、城市防洪、产业转型、田园综合体等相结合，以重点产业、重点项目、重点河道为着力点和突破口，拓展水利功能，绘制水清河畅的生态画卷，实现美丽河湖和美丽经济双赢发展；制定《浦江县美丽河湖建设实施方案（2018—2022年）》，实现"上下河联通、大小河畅通、内外河融通"，构建全域河湖自然连通的美丽水网。

2. 生态化建设，实现岸绿景美

河道生态治理中始终坚持"不砍树、少砍树"的原则，传承保护利用滩林树木与河道自然形态；对堤型结构进行适度调整，保留原有天然河道元素和生态老堤；乔灌草结合，改变堤岸硬质化，增加绿色植被，增添美丽河湖绿色内涵；打造休闲绿道，设置亲水平台，建设生态廊道，构建河道、湿地、绿道、廊道、蓄滞洪区五位一体的河道生态治理的总形态（图3.28为罗家源绿道工程一隅）。

图3.28 罗家源绿道工程一隅（图片来自"浦江文旅"）

3. 长效化管护，实现河湖提质

浦江强化创建后长效管理保障，进一步深化河湖长制，落实专人巡河、专业养护、专项提升；以水利工程标准化管理和河道标准化管理为抓手，建设一张底图、一个平台、一套机制、一套标准、一本手册、一支队伍"六个一"工程，形成"责任明晰、协调有序、行为规范、保护有力、监管严格、保障到位"的河湖管护新局面，不断促进美丽河湖品质提升，树立河湖管护的"浦江样板"。

罗家源自然风光绝美、人文传承深厚，可谓深山璞玉，"清水出芙蓉，天然去雕饰"，依托浦江县壶源江檀溪段治理工程，投资2485万元，治理河道6.15千米，修建堤防、护岸7.4千米，新建、加固堰坝20座，铺设绿道8.5千米，修建可游泳河段6处，建设配套设施5处。治理后的罗家源，水更安全了，变得更加秀美、灵动，极大提升了沿线村庄居民的人居环境。

在罗家源头的尽处，便是罗家村（图3.29），这里有全县最大的林场，是最美的省级森林公园，县域内最隐秘原始的世外桃源；这里有全县唯一一座拥有两个名字的古桥；湖蓝的听松潭、临水而居的静庐、秀致的垒石梯田让人流连忘返；游览天池、小竹海、次生林，探秘鱼娘娘的神秘传说、碰天尖的凄美故事、金萧支队革命传奇，品尝清香扑鼻的高山茶，享受饱含负离子的清新空气，足以让人身心沉醉。

图3.29 罗家村村景（图片来自"浦江文旅"）

罗家村村两委整合全村旅游资源，致力打造令游人留恋、令乡亲自豪的梦境氧吧（图3.30为水竹湾美景）。对听松潭下临溪房进行招商引资，进一步开发成精品民宿、茶室、书吧等特色店；利用本村丰富的茶树资源和得天独厚的气候资源，发展高山茶业；宣传和开发本村特色产品——松树皮画，开展一系列活动，如DIY亲子活动，作为旅游产品进行售卖等，形成一条完整的产业链。

图3.30　水竹湾（图片来自"浦江文旅"）

翻过盘山岭，远远望去有一个巨大的金光闪闪的铜罐，那便是前溪村。前溪村是浦江县最早试行村级体验性农场的乡村，在这里，能体验到自耕自种、自采自食，体验最原始农耕的快乐。这里有檀溪镇最早一批营业的农家乐，也是檀溪镇规模最集聚的农家乐民宿群，罗家源铜罐饭（图3.31）最具盛名。

图3.31　铜罐饭（图片来自浦江县檀溪镇政府）

月牙湖（图3.32）是浦江县最好的天然浴场。这里水清见底、游鱼穿梭、设施完善，配有容纳120余辆私家车和10辆大巴车的大型停车场，有集更衣室和淋浴间为一体的石头城堡公厕，以及竹林迷宫、攀岩、沙滩等户外拓展设施。

到达月牙湖，首先要路过盘山村，映入眼帘的石头墙，路边花坛彩色的酒瓶子，竹子圈儿布满的墙贴，彩色的运动小铁人……无数的小小创意，让人眼前一亮。村内有盘山岭阻击战遗址（图3.33），风雨磨砺过后的石阶，诉说着艰辛的革命岁月。

檀溪镇大坎村，就坐落在罗家源源头的入口处，与侯中公路交界。大坎村三面环山，一面临水，村内有森林7000多亩，森林覆盖率高，

图3.32　月牙湖（张正阳　摄）

空气清新，非常宜居。依托罗家源优势，大坎村保护、传承和发扬传统手工美食工艺，进行集中制作和规模化经营，创绿色品牌；发展绿色休闲观光农业，利用现有茶树资源，开发刘家堰茶山，凭借村制茶传统技艺，发展绿色休闲观光茶园。

图 3.33　盘山岭阻击战遗址

绿水青山就是金山银山，醉美罗家源正在用她的美丽蜕变，迎接着远方游客的到来。如今的罗家源，每年接待游客 5 万人次，旅游收入50 万元，美丽河湖正在转变为美丽经济。

3.4　幸福河湖阶段

为深化生态文明示范创建，高水平建设新时代美丽浦江，浦江县立足"三新一高"，深入践行"绿水青山就是金山银山"理论，对照《中共中央 国务院关于支持浙江高质量发展建设共同富裕示范区的意见》的目标要求，落实《浙江高质量发展建设共同富裕示范区实施方案（2021—2025 年）》和浙江省推进幸福河湖建设的有关部署，大力推进县域幸福河湖建设。2021 年，浦江县被列为浙江省首批 11 个幸福河湖试点县之一，正式拉开由"美丽河湖"向"幸福河湖"迭代升级的序幕。2021 年 8 月，浦江县人民政府印发实施《浦江县幸福河湖试点县建设实施方案》（浦政发〔2021〕10 号），标志着浦江县幸福河湖试点工作进入建设实施阶段。浦江准确把握水利发展面临的新形势新任务，在全线构建水安全体系、全域提升水生态环境、全面彰显水景观文化、全新挖掘水生态价值、全民参与水智慧管护等方面，逐渐形成浦江经验，迈向"全域幸福水网"。

3.4.1　多元融合，系统治理，打造全域幸福河湖

1. 系统治理，巩固幸福河湖生态基础

统筹推进上下游和干支流系统治理，先后开展浦阳江花桥段综合治理、前吴乡美丽河湖建设等项目，通过河道治理、堤防加固、修复挡墙、改造堰坝等措施，提高了浦阳江沿线的防洪、排涝能力，成功抵御了多次超10年一遇的洪水侵袭。实施白麟溪水系连通工程，引厚大溪水至白麟溪，根本解决了白麟溪水量小、流动性差等问题。同时，建立河湖"清四乱"常态化规范化机制，持续改善河湖生态环境。

2. 融合创建，提升幸福河湖建设内涵

对全域水利遗产及碑刻文献等进行全面深入普查，充分挖掘、保护水文化遗产和原生态资源，提升河湖文化底蕴。根据不同的河网水系和乡村特色，建设沿河生态景观和亲水设施（图3.34为浦阳江生态廊道同东段），在保证工程安全的前提下，适度创新堰坝、渠道、绿道、堤

图3.34　浦阳江生态廊道同乐段（赵新尧　摄）

防护岸等工程的结构、形态、材质，与周边生态环境相融合，与原生景观整体风格相协调，既体现地域文化特色，又保持浦阳江源头"乡野"风貌。同时，培育壮大水经济，充分整合河湖沿线各类资源，谋划水经济项目，全力推动绿色产业"拥河"发展，全面提升河湖衍生效益，将美丽河湖转化为美丽经济。

3. 制智结合，保障河湖效能持续发挥

引入第三方服务，实施"专业化管家＋物业化保姆"河道管理模式，在此基础上开创性地开展乡镇"好家风＋党建＋河长制"河湖管护模式，把河道保洁、水质保护等纳入家风指数考评，每季度评比一次，并设立"红、黄"榜张榜公布。深入推进"数字化＋网格化"河湖监管，以乡镇为网格，通过视频监控"自动排查"和巡查人员"全面巡查"，形成无盲点智慧化河湖治理模式。同时依托"绿水币"线上平台，打通公众管水护水监督管理"最后一公里"。

3.4.2 构建体系，全域提升，打造高质量幸福河湖样板

1. 全线构建水安全体系

（1）按照构建"安澜的水安全、均衡的水资源、宜居的水环境、繁荣的水文化、高效的水管理"五大体系，实行水治理体系和治理能力现代化的总体思路，根据流域区域特点、防洪规划，通过实施河道综合治理，加固河道堤防、新建改造堰坝等，完善防汛排涝抗旱减灾体系等，持续推进县级以上河道堤防达标建设，确保江河湖库安澜，形成全流域分级防洪闭合圈，逐步形成"平安、健康、宜居、富民"的幸福河。

（2）计划实施壶源江流域虞宅段综合治理工程，治理河道 10 千米，水毁修复 7 处，新建加固堰坝 10 座，新建加固堤防 6 千米，生态修复 10 千米。

（3）实施大陈江流域综合治理工程，整治修复堤防 2 千米，延伸生态廊道 2.9 千米。实施花桥乡水毁修复工程，修复河堤 672 米，新建堰坝 2 处、亲水埠头 2 处、渠道 110 米，修复堰坝 3 处等。

（4）实施岳塘溪（开发区段）河道综合治理工程，结合生态、景观、文化与基础设施，综合系统治理河道 1 千米。

浦江幸福河湖

2. 全域提升水生态环境

坚持自然恢复与生态治理修复相结合的原则，系统推进水生态环境保护与修复工作，通过河湖水系综合治理、水塘环境综合提升、水系连通等生态工程措施改善河湖水域生态健康，推进江河湖泊全流域水生态保护与修复。

（1）河湖水系综合治理。计划改建浦阳江（城区段）3座堰坝，新建1座堰坝，进行河岸护坡生态修复，建设亲水平台、休闲广场、慢行绿道、步行栈道、绿地景观、驿站等基础配套设施。开展金狮湖生态修复与景观提升工程，对金狮湖公园水体生态环境进行系统性修复和景观提升，对照明、木栈道、公共厕所等公共设施进行维修养护。

（2）小微水体环境提升。实施仙华街道曙光毛塘下、道光村泥深塘、浦南街道横塘村莲横塘环境整治工程，通过清淤、边坡生态修复、种植水生植物，恢复水塘生态基底自净能力，综合提升微小水域生态环境，确保流域生态健康循环。实施农村水系综合整治工程，以点带面分区域贯通水系，让河道"接起来"，河水"流起来"，提升居民生活幸福感。计划实施郑宅镇白麟溪水系连通工程，打通厚大溪至白麟溪水道，对白麟溪实施生态补水。

3. 全面彰显水景观文化

千百年来，浦江人与水相伴相生，孕育了丰富的水文化，留下了鹤塘、三湖、水仓、禁堰碑、拗井、天渠等众多水文化遗产，诉说着浦江治水用水的前世今生，构成了浦江悠久的历史文脉。充分利用富有本地特色的文化资源，加强水文化遗产保护和利用，通过美丽河湖创建、幸福河湖形象面貌提升、世界灌溉遗产提升建设、历史文化村落保护与利用、国家水利风景区创建，打造流域和区域水文化品牌，在传承弘扬传统水文化的同时，挖掘发扬新时代水文化精神内涵。

（1）建设"幸福河湖"展示中心。通过场馆、立面、周围环境改造，以展台、展板、实物、模型、虚拟现实、人机交互、智能AI等多种形式，系统、全面、形象展示浙江全省、浦江县全域美丽河湖、幸福河湖理念、社会价值、建设历程、成果、亮点做法、改革创新和未来愿景，将"幸福河湖"展示中心打造成为浦江治水、浦江水利、幸福河湖、浦江水文化的展示基地。

（2）全域推进幸福河湖建设。启动浦阳江母亲河全线美丽河湖、白麟溪、蜈蚣溪美丽河湖创建，以及花桥乡、檀溪、虞宅、前吴、郑宅、大畈等9个水美乡镇和水美乡村创建工作，通过美丽池塘等环境提升、15分钟亲水圈打造、安全防护宣传警示标志设立、亲水便民设施改造、灯光照明改造、产业与水文化展示等措施，提升幸福河湖形象面貌，迭代升级"美丽河湖"，建设全域幸福河湖。

（3）世界灌溉遗产提升建设。浦江水文化底蕴深厚，水利遗产丰富独特，浦江县以推进浦江水仓申报世界灌排遗产工作为契机，以开展水利遗产调查、修复工程为载体，进一步传承水利文化，助推乡村振兴和生态文明建设。

浦江是典型的江南丘陵盆地地貌，河塘泉井星罗棋布，无论是河塘还是泉井，抑或是堰坝、渠道等水利工程，都有一个统称，名为"水仓"，即为储存水的仓库。"幸福河湖"建设计划将刘笙水仓工程体系、巧溪拗井井灌体系、沙丘引水灌溉体系等打包申报世界灌溉工程遗产，在上山村、嵩溪村、登高村、刘笙村、巧溪村、沙丘村、金狮湖、金山水库、石姆岭水库、梅石坞4号水库等水文化载体，实施节点提升、灌溉遗产标识标牌和导览体系建设等建设项目。

3.4.3 挖掘价值，深度融合，打造幸福河湖水生态生活

将浦江幸福河湖建设与一、二、三产业深度融合升级，推动乡村旅游与休闲度假、体育运动、康体养生、创意农业、民俗文化、美丽交通、特色农产品的深度融合，培育乡村民宿经济，引导乡村旅游向度假、养老、康体、娱乐等高层次体验消费转型。在浦阳江、壶源江、大陈江流域建设亲水近水形象产品和项目，培育生态价值，激发滨水活力，推动全域旅游发展，助力乡村振兴。

1. 浦阳江流域农旅结合

以浦阳江为轴线，整合干支流旅游资源和产业形态，打造"水旅融合""水农融合"新业态。浦阳江花桥乡高塘源头，对饮用水源保护要求高，结合高塘、程家、民丰村第一产业现状，适宜发展源头探险、科

普宣教、星空露营、高山蔬菜种植采摘等轻资产、低耗能产业发展形式。浦阳江中下游，是浦江葡萄（图3.35）种植产业的主产区，以黄宅镇"江南吐鲁番"（图3.36）田园综合体为核心，发展葡萄有机种植、观光采摘、产品深加工、农事劳作体验等产业形式。此外，在五丰村建设水上游乐园等涉水项目，激发流域活力。

图3.35　浦江葡萄（图片来自"中国农产品质量安全"）

图3.36　"江南吐鲁番"1700米沿江单臂景观葡萄长廊
（图片来自"浦江新闻传媒"）

2. 壶源江流域创意文旅融合

壶源江流域有良好的美丽乡村基底和优美的山水生态环境优势，以国家全面实施乡村振兴战略为契机，将乡村文化与旅游创意相结合，乡村生活与旅游休闲相结合，全面打造"九曲十湾，秘境壶源"。将虞宅乡、杭坪镇、大畈乡、檀溪镇沿岸的农业生产与休闲体验相结合，以"创意＋体验＋共享"为核心理念，开展前明村"水上嘉年华"、薛家村风情沙滩、潘周家村水上乐园、大姑源村郑家浴场等涉水文旅项目，采取产业复合的发展模式，整合沿线旅游资源，打造全国示范、长三角一流的创意体验型共享乡村生活目的地（图 3.37～图 3.41 展示了壶源江流域文旅融合）。

图 3.37 壶源江沿线风景（图片来自"浦江新闻传媒"）

3. 大陈江流域滨水产业融合

大陈江两岸的水文地理环境是大有前景的良好自然资源，可重点发展滨水休闲产业，利用江东村区位优势和场地条件，开展江东村庄坞里水上乐园建设工程，建设亲水、近水游乐设施，配套"吃住行游购娱"等基础设施，既能增加滨水游览项目，又能开拓当地文化旅游空间，提升整个区域的文化层次，促进经济与文化双进步。2022 年浦江县实施中的大陈江流域综合治理工程整治范围为大陈江义浦交界（上游起点）

图 3.38　以潘周家"一根面"特产为造型的堰坝
（图片来自"浦江新闻传媒"）

图 3.39　壶源江绿道一隅（图片来自"浦江新闻传媒"）

图 3.40 虞宅乡前明村鱼泡泡多彩田园营地（图片来自"浦江文旅"）

图 3.41 壶源江水上乐园（图片来自"诗画浦江"）

到浦诸交界（下游终点）、支流吴大路溪吴大路村（上游起点）到大陈江（下游终点），治理河道长 10 千米，堤防护岸加固工程 3.35 千米，滨水慢行道 2.7 千米，滨水平台 7 处，加固改造堰坝 1 座，河道清淤 3000 立方米，水毁修复 15 处，进一步有效推进了浦江幸福河湖建设，为人们打造幸福河湖下的水生态生活添砖加瓦。

浦江县以建设全域幸福河湖为目标，编织着一张星罗棋布的美丽河湖风情网，构建着一个寄托乡愁的水韵文化生活圈，努力形成浦江河湖"全域幸福水网"新格局，最终实现江河安澜护城乡、生态健康可持续、绿水经济促发展、亲水康养惠民生、山水画卷寄乡愁、人与自然共和谐的局面。

第4章
治水兴水故事

  浦江"三山夹两盆",年内丰枯不均,面临干旱、洪涝等突出水问题,自古先贤就发挥聪明才智治水兴水、造福一方,其中许多故事流传至今,尤以毛凤韶、钱遹、郑崇岳最具盛名(图 4.1 为外胡水库泄洪)。

图 4.1 外胡水库泄洪(赵黎 摄)

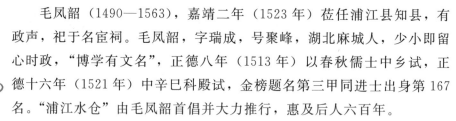

浦江幸福河湖

4.1 "讲求水利"之毛凤韶

　　毛凤韶（1490—1563），嘉靖二年（1523 年）莅任浦江县知县，有政声，祀于名宦祠。毛凤韶，字瑞成，号聚峰，湖北麻城人，少小即留心时政，"博学有文名"，正德八年（1513 年）以春秋儒士中乡试，正德十六年（1521 年）中辛巳科殿试，金榜题名第三甲同进士出身第 167 名。"浦江水仓"由毛凤韶首倡并大力推行，惠及后人六百年。

　　历史上，浦江旱灾频发。嘉靖二年（1523 年），毛凤韶甫到浦江，即遇大旱，田地歉收，米价大涨，甚至有人饿死。（"米价山踊，民始有饿死者。"）毛凤韶爱民如子，立即向上奏灾，等不及上级批准即开仓赈济，因此受坐累出境，幸得上级查提议处，始得赦还官。嘉靖四十年（1561 年），麻城县令苏松委托毛凤韶主修《麻城志略》。于嘉靖癸亥（1563 年）去世，葬于麻城祖公山（五脑山），崇祀于乡贤祠，现祖公山上有聚峰楼，是为纪念毛凤韶而建，楼内有凤韶夫妇二人的塑像。为纪念毛凤韶，现浦江月泉（图 4.2）书院先贤祠内有毛凤韶容像（图 4.3）供人瞻仰。

　　毛凤韶曾"（循）［巡］行于邑中"，对浦江的水利、气象、地形、农耕作过详细考察，悉心问学。浦江一向以务农为本，种水稻为业。浦江为浦阳江、壶源江、梅江三江之源，山险地狭，丰枯不均，下雨主要集中在黄梅季，黄梅雨水大都以洪水为主，快速下泄；又因为没有大江大河可资灌溉，水源不足，连晴十来天，就须抗旱。要抗旱救灾，必须依靠水利，毛凤韶提出"救荒无他奇策，不如讲求水利"，必须多建塘、堰、井、泉，这些小微型水利灌溉工程，至今仍在浦江大地发挥灌溉、饮水、抗旱诸多作用，现被冠以"浦江水仓"之名（图 4.4）。

　　毛凤韶著有《筑塘解》一文，用与浦江老农对话的形式，深入浅出宣讲"浦江水仓"的做法与作用：若是稻田与山涧小溪相近的，可以筑堰以抬高水位，再开沟渠，自流灌溉；若是稻田边上没有溪涧河水，那

图 4.2　月泉一隅

就挖塘积水，"积四时之水，为一时之用，何忧于旱""田有塘则永有秋"。浦江多泉水，虽处高山之巅，仍有汩汩泉眼，因此，挖塘最好选在田后堪有泉眼处，以泉水为补充水源。若几丘良田相连，最好是上丘挖塘。若田亩分散，则每丘都挖口小塘，塘面大约占十分之二三。毛凤韶提出了浦江最早的水政管理制度，破坏水利，擅自填埋、堵塞河道者，责令马上整改，如不整改可以告官，按律处置，"命改之，不从告拟法"。他提出了水利与农业的关系，"种田先做塍，种地先做沟"，告诉农民不要舍不得挖塘的那点土地，"若惜田，不为塘使，终不旱则可，旱则并弃之矣"。他对水利工程质量提出明确要求，塘塍须高而牢固，田塍须宽而厚，太单薄的话，水才灌入，就从田塍渗掉了，导致田块易涸，收成不好。

图 4.3　毛凤韶像

图 4.4 浦江水仓

自那以后，浦江百姓遵循毛凤韶的水利策略，充分发挥民间才智，一代又一代筑堰、通渠、砌抝井、修"闷塘"、建"板仓泉"，至中华人民共和国成立初期的调查统计，全县共有大小"浦江水仓"4万多处。"浦江水仓"集引水、集水、蓄水、车水诸多功能于一身，一次次帮助浦江人度过旱灾。

4.2 "巧建三湖"之钱遹

钱遹（1050—1121），字德循，浦江通化迪塘（今兰溪市迪塘钱村）人。北宋熙宁九年（1076年）进士，历任洪、信、常、真诸州地方官，兴利除弊，发奸摘伏。每遇疑狱，敢与上司严词争辩，定求水落石出方才罢休。原越州州吏阿承太守旨意，延宕案件，从中渔利。遹通判越州仅数日，疑狱皆断。未几升任太守，奸吏敛迹。崇宁元年（1102年）为都官员外郎，上书弹劾曾布"援元祐奸党，挤绍圣忠贤"，迁侍御史中丞；又奏论元符末年大臣乞复孟后而废刘后一事，于理不正，均获准奏。主议诸臣尽行贬谪，元祐皇后亦废。二年，升工部尚书兼侍读。被劾，出知滁、宣、秀、越等州。又复工部尚书，改述古殿直学士。大观四年（1110 年），升显谟阁直学士。

钱遹致仕家居十余年，所修建之东湖塘、椒湖塘与西湖塘可溉田15 里。北宋元符年间（1098—1100 年），钱遹发起在浦江县城之南浦阳江上兴建石桥，名大南桥（图 4.5 为《浦江县志》中关于钱遹兴建大南桥的记载）。宣和三年（1121 年），因避乱至兰溪，被方腊义军所杀。钱遹平生博通众学，为文明白简切，自成一家，晚年尤精于历算。著有《钱述古遗文》80 卷。

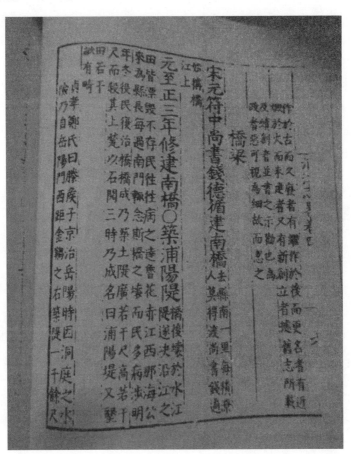

图 4.5 《浦江县志》中关于钱遹兴建大南桥的记载（图片来自"兰苑"）

浦江幸福河湖

4.3 "十桥九闸"之郑崇岳

郑崇岳（1501—1569），曾任云南按察使，致仕归家后，主持白麟溪流域综合治理，实行"水系连通"，将深溪之水引至麟溪，用于当地经济社会发展。他主持修建了"十桥九闸"，通过存义桥、集义桥、旌孝桥、旌义桥、和义桥、承义桥、崇义桥、眉寿桥、通舆桥、义门桥这十座石桥沟通河道两岸交通，方便族人出行，通过九个水闸调节水位，调峰补枯，实现供水、防洪、灌溉等综合功能，切实造福了一方百姓。

在明正统十四年（1449年）和天顺三年（1459年），郑宅曾发生两次火灾，致使庐室尽坏，家产毁损，族人流散。二次大火，也直接导致"郑氏渐衰矣"。"是时族众散处"，结束十五世同居历史。但是郑氏家族治水兴水的历史故事一直广为流传，在这种水文化的熏陶下，明天顺五年（1461年）郑宅诞生了水龙会，郑宅镇古代消防演练"试水龙"活动也由此开始，渐成风俗（图4.6）。2010年，郑宅镇"试水龙"被评为金华市非物质文化遗产。

图4.6 试水龙（张浩钺 摄）

第5章
产业富民故事

　　浦江利用"青山绿水"这一得天独厚的资源条件，以富民为导向，找准主攻方向，打造多张靓丽的产业名片，做强县域经济，造福广大群众，激发了乡村振兴的内生动力（图5.1为诗韵上河）。

图5.1　诗韵上河（赵新尧　摄）

浦江幸福河湖

5.1 生态旅游

5.1.1 打造精品水旅游

峻峭秀美的仙华山、缥缈如梦的野马岭、幽绝静谧的宝掌谷、水墨烟波的通济湖，构成了如诗如画、天地秀绝的自然美景。穿越时光、跨越历史，浦江建县 1800 多年，孕育了历代人文大家。五水共治、美丽庭院、两路两侧等美丽乡村建设组合拳，构筑一座宛如悠然南山、世外桃源的田园新城。"万年上山""千年郑义门""百年书画兴盛地"的美誉，"水晶之都""挂锁基地""中国绗缝家纺名城"的荣称，铸就了浦江这颗全域都美丽的"璀璨明珠"。

近年来，浦江县高度重视旅游产业发展，将旅游业作为全县战略性支柱产业来抓，结合实际和依托山水特色对发展全域旅游进行了探索实践，打造精品水旅游。浦江全县开展各乡（镇、街道）409 个行政村"十佳十差"村评选活动，"两路两侧""四边三化"整治，"花漫浦江"行动，"美丽庭院"创建工程及垃圾分类等县重点工作，将美丽乡村建设推向了新的高潮，浦江县域环境从原来的"干净整洁"向"全域美丽"递进，形成了处处是景的良好环境氛围（图 5.2～图 5.4），实现了城区景区化、乡镇景点化、村居景观化的全域旅游环境，形成了"处处是景、人人共享、产业融合、服务保障"的全域旅游发展模式，全县旅游经济快速增长。浦江县成功创建全国休闲农业和乡村旅游示范县，荣获"全国十佳生态休闲旅游城市""中国最美乡村旅游目的地""浙江旅游十佳发展县""2019 年浙江文化和旅游产业融合发展十佳县区"等荣誉称号，成功列入"浙江省旅游业'微改造、精提升'行动试点县"。

同时浦江借势打造多条"旅游精品线"和"乡村夜经济精品线"。以"全域、全民、全景"为发展主线，结合仙华山国家级风景名胜区、茜溪幽谷轻度假区、江南第一家、廿玖间里国家级青年创客基地等优秀景区景点，成功打造了多条美丽乡村精品线，涌现出虞宅新光创客园、

图 5.2　上山考古遗址（图片来自"浦江文旅"）

图 5.3　江南第一家（图片来自"浦江文旅"）

白马嵩溪古村、大畈诗人小镇等一批特色美丽乡村。同乐村主打绿篱迷宫、大型草坪、卡丁车场、同乐花海等游乐项目；方宅村推动"浙里仙味"美食文化园建设；里黄宅村引进农业开发公司，打造山区农业观光种植基地。山好水好葡萄甜，围绕采摘葡萄体验农家风情，一系列农俗

图5.4 上河村夜景（图片来自"浦江文旅"）

文化节、风情农家游活动的开展，吸引了大量外地游客走进浦江，感受乡村自然气息，体验浓郁的乡情民俗，带动了生态旅游热。浦江借助葡萄产业发展的东风，黄宅等乡镇在葡萄专业村、葡萄基地以及果园、村庄、道路沿线打造的乡村旅游点，激活了"农旅融合"，形成了一张浦江生态旅游网。壶源江流域2个乐水小镇、10个水美乡村交织构成了一条条美丽乡村精品线，白麟溪拓展了"江南第一家"居民、游客活动空间和旅游线，提升了水文化品位，"一村一品""一镇一韵"编织了浦江水旅游风情网。截至2020年年底，浦江全县旅游接待总人次达1923.4万，其中2020年涉水游客达217.7万人次，民宿和农家乐的直接营业收入就达11073万元，生态红利凸显，是"绿水青山就是金山银山"的真实写照。

5.1.2 展现河湖水文化

近年来，浦江县开展文化遗产普查工作，摸清文化资源的家底，开展水文化遗产保护与发掘工作，建设水文化遗产示范工程，做好水文化遗产利用工作。在传承和发扬古代治水文化的基础上，大力加强创新水利文化的宣传科普。充分利用文化资源条件，融合打造景观节点，合理布局文化内涵展示载体，努力使水利工程文化景观化，使之发挥最大效益，实现"水旅融合"，助力乡村振兴，为全域旅游发展提供服务。

充分挖掘并展示"浦江水仓""仙华天渠""巧溪拗井""嵩溪明暗溪阴阳坝""江南第一家十桥九闸"等系列水利遗迹，将河道建设与水利风景区建设、水利遗迹挖掘紧密结合，展现河湖水文化，彰显河湖人文价值，以全域旅游为契机，打造"水旅融合""水农融合"河湖新业态，全力推进全域美丽河湖建设。

如今的浦江，"水之华，城之美，民之富"，青山伴秀水，农村变景区，在碧波荡漾的浦阳江畔，临湖兴叹，不由生发出"此心安处是吾乡"的感慨（图5.5为金狮湖朝霞）。

图 5.5　金狮湖朝霞（何敏　摄）

5.1.3　品味饕餮美之味

浦江绿色产业和生态文旅产业百花齐放，不仅以水清山秀村美吸引八方来客，而且还为游客提供了一场极致的味蕾盛宴。浦江美食不胜枚举，一根面、竹叶熏腿、豆腐皮、米筛爬、牛清汤、麦饼、擂头粿、观音豆腐……如今，浦江味道已成为生态旅游线上至关重要的一环。

（1）一根面，又称长寿面，俗称"麦绳"，是浦江县北部山区潘周家村人独创的麦粉食品，以其长、细、韧、滑且具养胃健脾等食疗功能而享誉四方。潘周家村古称"盘洲"，村人制作麦绳可上溯至南宋，迄今已有600余年。相传周姓的三位先祖原系居住在杭州钱塘江畔的纤夫，为避战乱迁徙至此，创基筑室，世代繁衍生息。其后嗣每逢春、秋二祭，都要用麦粉制作面条并搓成纤绳状当祭品奉祀先祖，以示不忘祖业。祭毕，或将面条切细，制成索面（今称"手工面"），或拉作长长的麦绳［今称"一根面"（图5.6）］。麦绳因其长，被村人寓于"长福长寿"之意，故又称"长寿面"。在当地，但凡各家办喜事，如庆寿、生子、新房落成等，通常都要制作麦绳招待宾客或答谢亲友邻里。至今，这一带仍流传着"讨亲夜茶一股面""吃长寿面长命百岁"的民谚。潘周家村因"一根面"而闻名遐迩。2007年至今，该村先后被县、市、省三级人民政府分别命名为"手工面专业村""市级一村一品特色村"和"省级一村一品旅游特色村"，"一根面"商标被评定为"金华市著名商标"。2009年，"一根面"被列入金华市级非物质文化遗产代表作名录。

图5.6 潘周家"一根面"（图片来自浦江县非物质文化遗产保护中心）

（2）竹叶熏腿（图5.7）。浦江西部壶源江上游的杭坪镇，历史上曾经有一种火腿闻名中外，这就是距现镇政府所在地10千米之外的曹源竹叶熏腿。曹源村是一个大村庄，处在壶源江源头，四周山岭连绵，盛产毛竹，深山冷坞之间，一条通往建德的截柘岭盘旋在崇山峻岭之间，满山都是高大的松树、杉树和毛竹，整条岭上都晒不到太阳。正因为这样的地理环境，造就了竹叶熏腿这样的特产。竹叶熏腿取材的猪腿皮薄，骨头细，精多肥少，腿心饱满，肉嫩味鲜，将这样的猪腿制成竹叶熏腿，精肉红似玫瑰，香气清甜，可谓火腿中的极品。一时曹源的竹叶熏腿曾与东阳上蒋村的"蒋腿"齐名。

图 5.7 竹叶熏腿（图片来自"浦江发布"）

（3）浦江豆腐皮（图 5.8）的最早文字记录，出现在宋代浦江名著《吴氏中馈录》中。豆腐皮以黄豆为原料，经过浸泡、磨浆、过滤、烧浆、捞皮、晾皮等工艺流程，色泽光洁、薄如蝉翼、香味醇厚。"炸响铃""干炸黄雀""游龙戏水""凤飞南山"等名菜，均以浦江豆腐皮作原料。

（4）"米筛爬"（图 5.9）是浦江风味小吃。面和虚后，搓成一指宽的面条，然后搞下一小团，用拇指在米筛上一摁一卷，再轻轻一拨就成。菜料以干萝卜片拌煮为多。调料除普通盐外，葱末、蒜糊、姜丝、胡椒、辣油等均可，因时而异，随人喜好，自由调味。"米筛爬"吃起来口感又韧又烂，老少皆宜。

浦江幸福河湖

图 5.8　浦江豆腐皮（图片来自"浦江发布"）

（5）浦江牛清汤（图 5.10）。牛清汤早已成为浦江人的传统美食，清清的汤，以牛血衬底，悬少许牛肉，上面点缀着几片红红的辣椒，看着就引人垂涎欲滴。牛清汤含有丰富的蛋白质、微量元素及人体必需的氨基酸，它不但可以热身，更可以营养于人。自 20 世纪 90 年代初以来，牛清汤店铺发展极其迅猛，遍布浦江城乡。牛清汤因营养丰富，男女老少都非常喜欢食用，成为浦江传统美食中一枝独秀的存在。

图 5.9 "米筛爬"（图片来自"诗画浦江"）

图 5.10 浦江牛清汤（图片来自"诗画浦江"）

（6）浦江麦饼（图5.11）。麦饼是浦江特色小吃之一，其历史悠久，用料简单。麦饼以两面微黄、薄似纸、韧如皮、无破损为佳，烫时以出现馒头形为上。因为当麦饼快熟时，饼层内的馅受热产生的蒸汽因饼面密封，使饼内鼓起如馒头，当火温降低后，麦饼复原如常。麦饼形圆，寓意团团圆圆，馅和面相处很和谐，表示和和美美，因此每年的元宵节、中秋节，浦江有一家人聚在一起吃麦饼的风俗习惯。麦饼馅料丰富多样，常见有南瓜馅、青菜馅等。每逢元宵佳节或者有到浦江来的宾客，当地的人们都会拿出浦江麦饼来招待。因此这种民间传统的饮食一直流传至今，制作工艺代代相传。

图5.11 浦江麦饼（图片来自"诗画浦江"）

（7）浦江擂头粿（图5.12）。擂头粿是浦江县的一道传统风味小吃。在中秋节、农历七月半、冬至日，浦江人有吃擂头粿的习俗。据说在民间，人们称水车脚踩的那段光滑圆木为"擂头"，擂头粿圆圆的，很像"擂头"，因此得名。将粉团搓成一个一个小圆球，趁热放在红糖芝麻粉中擂上一两次，使粉团周身沾满红糖芝麻粉，即成擂头粿。擂头粿入口又香又甜，又韧又糯，风味独特，口感极好，深受百姓喜爱。

图 5.12　浦江擂头馃（图片来自"诗画浦江"）

（8）观音豆腐（图 5.13）。观音豆腐是由一种野生灌木观音柴的叶子制成的，它形似普遍的豆腐却弹性十足，外观呈翠绿色，如翡翠般晶莹剔透，吃起来清凉解热，嫩滑爽口，具有独特的风味。

图 5.13　观音豆腐（图片来自"金华发布"）

5.2　生态农业

5.2.1　"小葡萄"成"金名片"

　　浦江种植葡萄历史悠久，地方志《嘉靖浦江志略》卷三物产篇中就有种植葡萄的记载。之后乾隆、光绪年间的《浦江志略》物产中也均有浦江葡萄零星栽培的记载。民国二十九年（1940 年），《民国浦江县志稿》中记载，全县葡萄栽培面积已达十亩，产量为 21 担（约为 2100斤）。近年来，浦江坚持遵循市场规律，坚持市场运作，不断加大农业政策、资金、技术、市场培育等方面的扶持力度，全县每年投入葡萄相关产业发展扶持资金达 2000 多万元，持续稳步推进葡萄产业发展，使"小葡萄"成为全县农民增收致富的"大产业"（图 5.14）。经过多年发展，浦江葡萄种植面积达 6.9 万亩（设施化栽培率达 99%），年产量12.79 万吨，年产值 12.13 亿元，成为浦江农业第一大产业。目前全县有葡萄专业合作社 149 家、家庭农场 561 家、种植户 1 万多家，打响了靓松巨峰葡萄、众惠阳光玫瑰等示范性专业合作社领军品牌。

　　点绿成金，推动乡村振兴。浦江"小葡萄"成为农民致富增收一大产业，更成为浦江县的"金名片"。浦江葡萄种植历史悠久，是"中国巨峰葡萄之乡"。浦江葡萄以绿色安全、口感好、色泽佳、甜度高等优秀品质，获得农业部地理标志登记保护。2016 年，浦江葡萄更是成为G20 杭州峰会的主供水果，广受各国嘉宾好评。

　　赋能葡萄产业，"超级农场"项目将于 2～3 年内在浦江全县 50 亩以上规模的葡萄园进行全面推广应用，持续提升浦江葡萄的产业生产经营水平。浦江葡萄产业大脑以"数据＋算法"为驱动，围绕葡萄全生命周期全流程管理，集成数据、算法、模型、知识图谱等能力，赋能葡萄生产、加工、储运、销售全环节，实现业务全闭环、主体全上线、地图全覆盖、数据全贯通、服务全集成，推动浦江葡萄产业高质量发展。基于卫星遥感影像、土地利用规划、土壤地力分析数据融合分析，通过萄

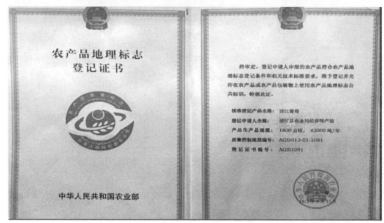

图 5.14 浦江葡萄种植产业（图片来自"浙江新闻频道"）

生产、萄流通、萄消费、萄预警、萄品牌、萄服务六大模块摸清葡萄产业底数，为浦江葡萄产业科学布局、规划提供数据依据，实现以图管农、以图兴农（图 5.15）。

图 5.15　葡萄产业数字化转型（图片来自"浦江发布"）

在葡萄生产方面，"葡萄一根藤"通过搭建葡萄藤模型、虚拟葡萄园、葡萄采摘机器人，汇集葡萄生长环境监测、操作要点、病虫害防治等服务，结合农事 AI 专家，实现智能生产设施全自动智能控制，智能推送农事建议指导，提高葡萄品质，打造浦江精品葡萄。葡农一键通对葡农贷款、补贴申请、项目申报进行流程再造，同时通过整合相关生产资源，首创葡萄产品线上品牌管理，打造质量安全可追溯机制，引导农户增强生产安全意识，加强管理标准，帮助葡农"种好、管好、卖好葡萄"，实现浦江葡萄"优质优价"。

横山村是被授予"中国最美葡萄园"的葡萄种植专业村，也是当地葡萄产业组织化较高的村落。走进横山村葡萄种植园，一串串红紫相间的葡萄点缀在茂密绿色间，那沁人心脾的清甜香气，引得路过的游客食指大动，等不及直接采下一串放入口中细细地品味。当地村民在 20 世纪 80 年代奔着脱贫致富的念头，开始从事葡萄产业。在浦江农业部门的支持下，横山村以"集体出资＋村民自筹""合作社＋农户"的产业发展模式，鼓励村民设施化、品质化种植，采用"品控基地"、提质套袋技术等新科技大棚种植，提高产量和质量，逐年实现收购价翻番。近几年，浦江通过生态修复换回绿水青山后，大力推广标准化、设施化、智能化等种植技术，广泛使用有机肥，倡导葡萄秸秆粉碎还田等生态种植模式，为浦江葡萄精品、高效、优质战略提供有效保障。2012 年，浦江葡萄在全国南方及设施葡萄精品大赛中获金奖；2013 年，浦江被授予"中国巨峰葡萄之乡"称号，浦江葡萄获农业部地理标志登记保护；2016 年，浦江葡萄入选 G20 杭州峰会主供水果，荣获各国嘉宾好评；2019 年，浦江葡萄荣登全国区域公共品牌百强榜，2 家葡萄园获"中国最美葡萄园"称号，为全县生态农业产业发展增加了绿色存量。

5.2.2 "国字号"桃形李

浦江县是"中国桃形李之乡"，浦江桃形李（图 5.16）是当地特有的珍稀水果，外形似桃、口味如李，深受消费者喜爱。据《浦江县志》记载：浦江桃形李因形如桃、味似李，食之兼有桃李风味，故名"桃形李"。现浦江县桃形李种植面积达 2 万亩，年产量突破 4 万吨，年产值超 2 亿元，标准化生产率达到了 70% 以上，成为当地农民增收致富的又一重要产业。1995年，浦江桃形李获中国农业博览会银奖，被浙江省人民政府评为优质水果。后经中国经济林协会组织专家对浦江桃形李种植基地进行现场考察认定，命名浦江为"中国桃形李之乡"。1998年，浦江桃形李再次被评为浙江省优质水果银奖，2001年获浙江省农业名牌产品称号，也是该县唯一的省级农业名牌产品，准备报批国家级农业名牌产品。2021年，农业农村部专家组联合审定后认为浦江桃形李果品心形、果皮黄绿、果肉松脆、果味浓厚、果汁酸甜，符合农产品地理标志登记条件和相关技术标准要求，准予登记。浦江桃形李顺利通过了农业农村部的农产品地理标志登记。

图 5.16　浦江桃形李（图片来自"浦江文旅"）

浦江桃形李农产品地理标志地域保护范围为：浦江县所辖浦阳街道、浦南街道、仙华街道、黄宅镇、郑宅镇、岩头镇、白马镇、郑家坞镇、前吴乡、花桥乡、杭坪镇、虞宅乡、檀溪镇、大畈乡、中余乡，共计15个乡（镇、街道），北至岩头镇的礼张村，东至郑家坞镇的溪东村，南至黄宅镇的陈铁店村，西至杭坪镇的杭坪村，地理坐标为东经119°42′～120°07′和北纬29°21′～29°41′之间。种植面积2万亩，年产鲜果4万吨，保护区域面积2万亩。

浦江桃形李是浙江省浦江县的地方名果，浦江县特产，当地人称"猴面果"。桃形李有优美的传说，相传当年孙悟空在仙果山偷吃蟠桃，吃得津津有味，不小心将吃剩的桃核丢到了人间，在浦江境内长成了这种貌似孙悟空脸型的猴面李。所以，当地农民把桃形李称之为"猴面果"。浦江桃形李系蔷薇科李属，中国李中的一个品种，是金华市浦江县名特优新珍稀果树之一。浦江桃形李常温下可储放10天左右，冷藏可保鲜50天，洗净即可食用，带皮风味更佳。浦江桃形李是一种营养相当丰富的珍稀水果，据浙江大学食品加工系、浙江省农科院园艺所测定，该果品可食率达97.03%，含可溶性固形物15%，含酸量0.71%，固酸比为21：1，每百克果肉含汁48克，含维生素C 5.65毫克，维生素丙22.43毫克，含糖量8.4%，含脂肪0.2%，并含有人体所必需的多种氨基酸，以及钾、钠、钙、镁、磷、铁等多种微量元素、矿物质及维生素B1、维生素B2、类胡萝卜素等，还有清热、利尿、消食开胃健脾等功效。

桃形李除可鲜食外，还可制成李脯、蜜饯、果酱、果汁、糖水罐头，亦可晒成干、酿成酒，经济效益非常高，深受种植户的青睐。因此，在浦江果农中流传着这样一句口头禅——"七品种八品种，不如桃形李老品种"。目前浦江已成为全国性的桃形李生产基地，桃形李也成了该县果农种植面积大、涉及人口多的果品，并形成产、供、销、储、加、贸一条龙生产线，为农民增产增收、走向致富道路提供了一道桥梁。

浦 江 桃 形 李

黄照

当花仙子掀起盖头，

桃花嫁给了李子，

这跨越家族的牵手，

越过山，越过海，

在浦江安家落户，

风悄悄地告诉我，

只有相信生活的勇士，

浦江幸福
河湖

才能创造一个新的奇缘。

带着万年农耕的传承，
桃形李是非遗传人，
也是浦阳江的卫士，
像翡翠，像玉石，
像仙女的微笑，
静静地守护着这片古老的净土。
那又酸又甜的味道，
驻留在唇齿之间，
是甜蜜的人生，
是七夕节最合心的礼物。

5.2.3 山地蔬菜新品牌

浦江从 1996 年开始，在杭坪镇寺坪村试种番茄、茄子、萝卜等蔬菜 5.3 公顷，当年一季就获得蔬菜收入 8 万多元，产业结构调整优势显现，大大激发了山区农民种菜的积极性。1997 年种植面积扩大到 8 公顷，收入达到 10 余万元，比种植单季稻、番薯等传统作物增加经济收入近 3 倍。经过多年治理，浦江天更蓝、山更绿、水更清、土更净，浦江县供销合作社联合社和农业农村局瞄准当地这一优势，全力打造山地蔬菜这一农村支柱产业，不断推进跨领域、多元化合作，畅通农产品营销渠道。据统计，自开展"五水共治"以来，浦江县有 50 多名水晶业主转投农业，逾 10 亿元工商资本和社会资本流入现代农业产业，产自绿水青山的生态农特产品成了城里人的明星产品，而山地蔬菜成为浦江的新品牌。

浦江山地蔬菜主要分布在杭坪等山区乡镇（图 5.17），多数种植户是小而不优或优而不强。为有效搭建山地蔬菜产业社会化服务和共建共享平台，走品质化和高质量的发展路线，浦江整合政府、市场、种植户等多方资源，通过引进、研发先进种植技术，多渠道发展订单，将生产、供销、信用和冷链物流相结合，真正实现产销对接，助农增收。

浦江幸福河湖

全景

杭坪后阳苦瓜

杭坪后阳茄子

图 5.17（一） 杭坪镇山地蔬菜（图片来自"浦江文旅"）

壶源生姜

图 5.17（二） 杭坪镇山地蔬菜（图片来自"浦江文旅"）

同时浦江县创新性地提出了蔬菜种植"三分六统"管理模式。三分六统"中的"三分"，是指分户管理、分户采摘、分户结算；"六统"是指统一品种、统一育苗、统一栽培、统一药肥、统一品牌、统一销售。"三分六统"蔬菜经营管理模式的推广，解决了农户"种什么、怎么种、如何卖"的问题，促使更多小微种植户加入进来。传统蔬菜生产经营中，农户既是生产者又是销售者，销量小、销售渠道单一，种植规模和经济效益难以提升。对此，"三分六统"创新认领制通过农户用认领的菜地或是自家菜地占股分红，收益直接和产量挂钩。农户所需的种子、肥料由"三分六统"示范基地统一配送，种植技术由基地统一派人指导，收购和销售由基地统一负责。农户专心"产"，基地聚焦"销"，"三分六统"实现基地和农户双赢。通过推广"三分六统"，浦江蔬菜产业的品牌效应不断凸显。比如"葛老头"牌高山茄子、"眷心"牌山地茄子荣获省精品果蔬展销会金奖；"壶江源"牌高山蔬菜产品被省农业厅认定为浙江名牌农产品，多次获省农博会金奖。浦江县山地蔬菜产业成为新时代下生态农业升级发展、农民增产增收和农村实现共同富裕的途径之一。

2018 年，坑坪镇大塘村在浙江省农科院的帮扶下创建了番茄专业村，明确了大塘番茄的高产种植目标，制定产品质量分级标准和分级销售方式。大塘村在海拔 800 米处建立了番茄基地，得天独厚的自然生态条件，让大塘番茄味甜肉厚，外观美、口感佳，成了村里的拳头产品，深受消费者喜爱。大塘番茄基地示范应用"三分六统"产业化经营模式，亩产量可达 2 万斤，已成为大塘村民的致富果。

浦江高山蔬菜产业以科技为手段，狠抓示范基地建设，积极推广应用瓜菜新品种、新技术、新材料，产业得到跨越式发展，蔬菜质量安全水平不断提高，生产效益十分显著。每年 6—11 月，基地日均供应茄子、辣椒、冬瓜等高山蔬菜 4~8 吨。各蔬菜基地还开发多种反季节高山蔬菜，保证四季都有新鲜高山蔬菜上市，为缓解一些大中城市秋冬季蔬菜供应紧张发挥了积极作用。

如今，浦江依托绿水青山，成功打造山地蔬菜新品牌，使得山地蔬菜种植成为农民增收、农村创富的绿色生态产业。

5.3　生态工业

5.3.1　水晶换水景，浦江展新颜

浦江县水晶玻璃业始自 1982 年，起源于山区乡村的家庭磨珠作坊，到 1995 年年底，全县已拥有夹珠机 1.5 万台、磨珠机 1 万余台，年产珠达 8 亿多颗。1993 年，浦江开始了水晶灯具的成灯产品生产，并开发了水晶工艺品，从此改变了十多年来单一低档次的产品结构，为千家万户的加工业开辟了新天地。1997 年年底，浦江建成了水晶灯饰城，成为集信息、原材料供应、服务和对外宣传等功能于一身的场所，为浦江水晶玻璃产业的发展起到了龙头作用。浦江以"中国水晶之都"闻名，该县共有 2.2 万家水晶作坊，遍布城乡每个角落，发展高峰时期，至少有 20 万人直接从事水晶生产。

曾经的浙江浦江，用璀璨的水晶妆点外面的世界，自己"屋内"却一片狼藉，磨珠产生的水晶废水废渣直接排放入河，浦江全境河流渐成"牛奶河"、黑臭河，浦阳江成为钱塘江流域污染最严重的支流，出境断

面水质连续八年为劣Ⅴ类,浦江县也因此连续两年被列为挂牌督办和区域限批县(图5.18为浦江县首个水晶作坊排污遗迹)。此后,浦江铁腕治水,关停了18000多家水晶加工户,对于仅剩的1300多家水晶加工企业,规划新建水晶集聚园区,集中治污、集聚发展。

图5.18 浦江县首个水晶作坊排污遗迹
(图中右侧泛白的地方为加工水晶时水晶粉侵蚀)

如今,在"绿水青山就是金山银山"理念的指引下,浦江洗去了水晶污垢,清丽"容颜"惊艳世人(图5.19为中国水晶工艺博物馆部分藏品)。从"水晶"到"水景",后治水时期,浦江大力扶持发展生态工业,尽情释放着治水的利好效应。

2016年,以"园区集聚,统一治污,产业提升"为发展目标,浦江县政府总投资20亿元建成四个水晶产业集聚园区(图5.20),打造了包括原辅材料供应、产品生产、销售和生产装备制造等在内的全产业链,形成了全国最大的水晶生产基地,水晶工艺品、饰品配件销量占全球市场的85%以上。自水晶产业集聚以来,浦江水晶产业集群被中国轻工业联合会授予"中国轻工业特色区域和产业集群创新升级示范区"称号,水晶产业园区先后荣获"国家小型微型企业创业创新示范基地""长三角G60科创走廊工业互联网标杆园区"称号。从分散到集聚,浦江的水晶产业开始向上下游产业链延伸,研发设计、企业管理、招商引资、市场营销得到全面强化。按照"户数减少、园区集聚、机器换人、规范治污、产业提升"的总体思路,通过产业集聚淘汰落后与设备制

图 5.19 中国水晶工艺博物馆部分藏品（图片来自"浦江发布"）

造、产品设计研发相结合，加快产业的纵向延伸。大力发展循环经济，推广清洁生产、绿色生产，推进园区生态化建设和循环化改造。健全水晶制造工程中产生的废料、废渣、废水及集聚园区生活垃圾等分类收集和回收体系。配合水晶产业环境整治，成立浦江县水晶产业提升先进工艺和设备推广应用办公室，开展水晶废水循环利用和水晶固废再利用项目研究，发布治污技术难题，寻求有关专家的技术支持，联合有关企业向国家、省申报水晶污染治理科技攻关项目，并加快项目的产业化，实现污染物的减量化、再利用、资源化，变废为宝。

图 5.20　浦江中国水晶产业园（图片来自"浙江生态环境"）

浦江着力打造水晶小镇，努力成为浙江省特色小镇的标杆。浦江水晶小镇将充分发挥浦江深厚的历史人文底蕴、丰富的旅游资源、优美的生态环境等优势，以水晶产业为依托，大力引进国际先进工艺、工匠人才，把浦江水晶产业做成科技、时尚的未来产业。据初步测算，浦江水晶小镇建成后，预期年营业收入可达 130 亿元，其中水晶制品业主营业务收入 100 亿元，实现利税总额 13 亿元，年接待旅游人数 60 万人次，新增就业岗位 1 万个，带动小镇内 80% 以上的农民增收，真正使浦江水晶小镇成为宜居宜业宜游的特色小镇。

按照水晶产业转型升级的要求，浦江加大高端龙头企业的招商引资力度，逐步推进水晶园区企业向工业制造型转变，努力引进集数字经济开发、管理、运营及供应链金融服务的全方位企业，打造电商集聚区和销售平台。同时，致力抓好水晶企业整合提升工作，优化资源要素配置，为优质企业提供更大的发展空间，构建全产业链服务平台。在加速承接上海、杭州等地产业辐射转移的同时，浦江强化水晶区域品牌培育，鼓励企业积极参与"品字标浙江制造"品牌认证，通过内外结合、双向施力的方法，全力推进水晶产业高质量发展。

5.3.2 "抱团取暖"的绗缝产业

绗缝，即用长针缝制有夹层的纺织物，使里面的棉絮等填充物固定。绗缝家纺加工工艺俗称"十字花边""钩针"，是浦江拥有 500 多年悠久历史的民间特色工艺之一。浦江绗缝（图 5.21）起步于 20 世纪 70年代末，1980 年成立了浦江县花边总厂，在黄宅、大许、大溪、前吴等地设立分厂。20 世纪 80 年代以来，浦江人看好绗缝业发展前景，一批绗缝业的经营、管理和技术人员纷纷下海，创办私营绗缝企业，浦江县委、县政府因势利导，发挥绗缝这一民间特色工艺优势，逐渐把绗缝

图 5.21 浦江绗缝（图片来自"诗画浦江"）

家纺产业培育成了全县最大的工业支柱产业和富民产业之一。

浦江是全国最大的绗缝制品生产和出口基地，集聚生产企业 500 余家。自 2016 年浦江绗缝启动示范区建设以来，先后通过了省级、国家级创建出口绗缝制品省级质量安全示范区验收，产业集群优势得到有效激发。企业产品责任意识和诚信意识得到充分体现，产品质量安全水平逐年提升，品牌建设也逐步加强。绗缝产业不但增加了国家税收和外汇收入，也使得浦江县一大批农民摆脱贫困，逐步走上了发家致富的道路。

浦江不断推动家纺产业提档升级。2018 年起，在浦江县政府的支持下，从武汉纺织大学引进 16 名专家人才，设立了浦江家纺设计研发中心（图 5.22）。该中心主要围绕浦江家纺产业技术创新需求，开展图案色彩工艺设计研发、功能性家纺产品研发、整体家纺造型设计研发、新型填充物开发等，并开展多形式科技交流和人才培训活动，通过增加产品设计附加值，提高核心竞争力，有效助推浦江绗缝产业不断升级发展。

2023 年 3 月 28—30 日，中国国际纺织面料及辅料（春夏）博览会在上海国家会展中心隆重举行。在浦江县经济商务局牵头下，浦江的 16 家重点绗缝企业到博览会参展，设置了 32 个展位。这是近三年来浦江绗缝企业首次大规模组团参展，集中展示了"中国绗缝家纺名城"形象。

5.3.3　倒逼挂锁产业绿色发展

挂锁产业是浦江三大传统支柱产业之一。经过多年发展，浦江挂锁企业数量不断增加、工艺技术不断更新、产品门类不断拓展，产品远销世界 120 余个国家和地区，挂锁年产量达 13 亿把以上，占全国市场 65％以上。从 2016 年开始，浦江县借助"五水共治""三改一拆"的东风，开展了挂锁产业规范整治，开发建设东、西部挂锁产业园，彻底根治了挂锁企业散乱分布、污染严重的弊病。浦江挂锁从数量规模型向质量效益型转变，从单一的挂锁产业向多元的制锁产业跨越，从块状产业向产业集群升级。目前，浦江挂锁的产业规模、产品质量、产销量等已

图 5.22 浦江家纺设计研发中心（图片来自"浦江发布"）

居全国同类产品前列。

　　浦江把打造覆盖原材料、工艺过程、加工机械、管理和产品的全产业链标准体系，推广实施全产业标准化制造，作为破解挂锁行业质量提升的主攻方向，先后制定了"圆饼锁""插芯门锁锁头第 1 部分：葫芦形弹子结构"等 2 个团体标准，行业标准体系更加健全。推动梅花锁业着手制定智能挂锁浙江制造团体标准，参与挂锁行业国家标准、行业标准制修订，瞄准国际先进标准，制定对标方案 1 个，8 家挂锁企业完成对标达标，进一步提升了挂锁产品质量，抢占浦江挂锁在全国挂锁行业中的话语权。

　　浦江梳理行业内规模较大、技术力量较强、品牌建设基础较扎实、发展前景良好的挂锁企业，创建"浙江制造"品牌。积极开展浦江挂锁产业质量提升和金属挂锁浙江制造标准宣贯，鼓励企业开展对标认证。目前梅花锁业（图 5.23 为浦江梅花锁展示）、金垒锁业等 3 家企业获得"品字标浙江制造"品牌授权。注重指导挂锁企业开展商标注册，走品牌化发展路子，2020 年全县挂锁企业共注册商标 248 件。

图 5.23　浦江梅花锁展示

在质量监管方面，浦江县持续开展挂锁产品质量监督抽查，加大日常检查力度，严厉打击伪造产地、冒用认证标志、以不合格产品冒用合格产品、商标专利侵权等违法行为，查处一批违法案件，优化市场竞争秩序。

浦江县坚持"机器换人"工程与企业精细化管理相结合，加大先进制造装备投入，重点解决行业内集中除锈和电镀、喷漆集聚节点问题，通过不断提升产品加工的质量、速度和治污能力，提升产品档次，加速推进横向扩张。对大部分挂锁企业规模不大、生产条件恶劣、散落在居民区内、环境危害大等问题，根据"改造提升一批，整合入园一批，合理转移一批，关停淘汰一批"总体要求，以挂锁产业集聚区（郑宅）建设项目，挂锁行业铁屑、铜屑和磨削渣利用项目，挂锁行业打孔刨光粉尘收集处理系统技改项目为支撑，把挂锁行业整治提升工作与优化产业结构、转变发展方式、改善生态环境更好结合起来，以提高产品质量为核心，全力打造挂锁行业区域品牌；以挂锁集聚园区建设为重点，着力推进产业进一步集聚提升；以治理粉尘、喷漆、酸洗污染为突破口，有力倒逼行业绿色生产。

第6章
以水兴业故事

为贯彻落实《浙江高质量发展建设共同富裕示范区实施方案（2021—2025年)》关于大力推进"幸福河"建设的战略部署，以及2021年度首批幸福河湖试点县建设任务，浦江县依托当地独有的自然风貌和河湖治理特色，因地制宜，下大气力开展美丽河湖风景线、滨水绿色产业带建设（图6.1为美丽神丽峡）。在这一过程中，涌现出一批心中有梦、眼里有光的实干典型，他们开拓进取、干事创业，助力共同富裕。

图6.1 美丽神丽峡（赵新尧 摄）

6.1　退伍不退情，助农共富裕

2004 年年底，于高峰从西藏军区退役回到浦江县杭坪镇寺坪村，开始跟着岳父学习蔬菜种植和销售。于高峰说："想要把村里的农业发展好，首先得让乡亲们在家门口挣到钱。"2011 年，浙江浦江葛老头生态农业发展有限公司成立。

这些年，为发展本地高山蔬菜种植，为乡亲们蹚出一条致富道路，于高峰付出了很多努力，试种就是其中一项重要工作。试种本身并没有多少经济效益，试种出来品质好、产量高的品种才能推广到各农户手里（图 6.2、图 6.3 分别为蔬菜大棚和浦江红茄）。

图 6.2　蔬菜大棚（图片来自"诗画浦江"）

于高峰积极与专业团队对接，科学指导山地蔬菜种植和土壤改良，带动农户转变思想，施用生物肥、有机肥，大大提升蔬菜种植技术。在

浦江幸福河湖

图 6.3 浦江红茄（图片来自"诗画浦江"）

他的指导下，杭坪镇高山蔬菜病虫害发生率、农药使用量、化肥使用量均降低 15% 以上，蔬菜亩产量提升约 20%①。

　　于高峰重视到各地蔬菜市场进行价格调研。在于高峰的蔬菜种植基地里，挂着一块浦江县"三分六统"蔬菜产业化经营管理模式的牌子（图 6.4），上面写着蔬菜的"保底收购价"（图中未示），价格虽然不高，却是种植户的"安心价"。于高峰说，杭坪镇的蔬菜产业要做大做强，就要形成规模，前提是让蔬菜种植户没有后顾之忧。

　　2020 年，于高峰当选为浦江山地蔬菜产业农合联理事长。在当地政府的带动下，他统筹农合联，整合杭坪镇大塘、裕民、东岭三个村的相关资源，组建"高山果蔬党建联盟"，开通浦阳—杭坪"山海协作"产业振兴党建联盟果蔬专线。利用自建销售渠道，他将蔬菜销往配送中心、生鲜店等地，一箱至少能多卖 20 元。

---

　　① 引自"浦江微讯"，https://m.thepaper.cn/baijiahao_15801895。

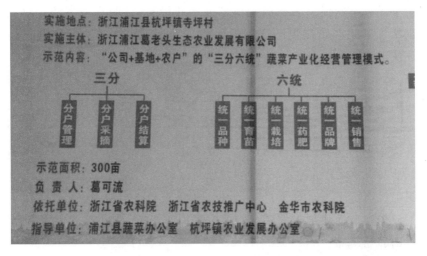

图 6.4 浦江县"三分六统"蔬菜产业化经营管理模式（图片来自"诗画浦江"）

随着互联网不断发展，于高峰开始拓展线上销售模式，搭建了"杭山菜"网上销售平台，组建了专业经纪人团队。结合原有的线下销售，实现了线上线下全方位推介优质山地蔬菜，业务范围也从浦江县扩展到浙江省。他还与中国邮政浦江分公司合作，每天下午由中国邮政浦江分公司派专车为农户服务，不仅提高了农副产品的运输效率，还降低了运输成本和损耗。

如今，寺坪村高山蔬菜的种植面积已经从 80 亩扩大到 200 亩，蔬菜种植基地每亩年均产值达 12000 元，杭坪镇的农户富了起来。

6.2 水晶巧转型，促"工业+旅游"

浦江县东洲水晶有限公司成立于 2004 年，是一家集科研、生产、销售于一体的专业水晶饰品生产厂家，主要生产水晶玻璃配件、玻璃珠饰、水晶服饰配件、水晶珠宝配件等，产品畅销印度、韩国、中国台湾、中东、欧美等国家和地区。

以前，浦江水晶玻璃工艺采用纯手工操作，不仅产能效率低，而且生产环境脏乱差，作为代加工环节生产水晶饰品配件，利润空间小，市场竞争优势不明显。为积极响应"五水共治",克服竞争劣势,改变以上现状,东洲水晶在生产饰品配件的基础上,围绕"从配件到成品转型、从手工到自动化加工"的转型升级思路,重视人才、重视技术、重视研发,向生产饰品成品发展。近年来,结合浦江县水晶行业整治行动,东洲水晶加快转型升级步伐,成立电镀表面处理车间,购置自动化加工设备,对生产车间进行全面改造,并斥资完善污水、废气、粉尘处置设备,生产现场全部达到环保、清洁化生产要求,改变了传统水晶工厂脏乱的形象,产品生产用料均为环保材料,从原材料选购到生产流程控制,每道工序都进行了严格监控。通过推行"机器换人",实现了从手工加工到自动化加工的转变;通过延伸产业链,由以往生产饰品配件扩展到饰品成品。

在浦江开发全域旅游的大背景下,按照环保生态、高雅时尚和休闲观光的定位,东洲水晶开启了"工业+旅游"营销模式,成为浦江水晶行业的首家观光工厂。走进东洲水晶的展览大厅,水晶饰品琳琅满目,项链、耳环、装饰品等产品应有尽有,款式紧跟新流行趋势。如今的东洲水晶(图6.5为东洲水晶展厅)定位高端,在意大利、法国、西班牙、韩国等地设立了代理商,产品成为普拉达、路易威登等奢侈品品牌的装饰物件,在国外饰品行业也有了一定认可度。

图6.5(一) 东洲水晶展厅(图片来"东洲水晶")

图 6.5（二） 东洲水晶展厅（图片来"东洲水晶"）

浦江水晶产业巧转型，按照环保生态、高雅时尚和休闲观光的定位，东洲水晶开启了"工业＋旅游"模式，让消费者与水晶文化近距离接触，也为浦江水晶产品高质量发展闯出了一条新路子。

6.3 六人组团队，筑"坪上云居"

浦江县坪上村位于罗源溪源头，是浦江中余乡冷坞村的自然村，坐落于群山环抱的高山坪地上，海拔 500 米，被戏称为"深山冷坞"。坪上建村 600 余年，全村 36 户人家，以马姓居多。近年来，坪上村（图 6.6）以美丽河湖建设为契机，大力建设美丽、宜居、生态的乡村水景，主打"清闲幽静、远离尘嚣"优势牌，发展民宿经济，吸引外来年轻人来消暑纳凉、度假减压，助推乡村振兴，实现共同富裕。

2016 年 3 月，坪上村乡贤回归，先后邀请省内外高水准设计团队，对坪上村水资源、水系连通、河湖治理、旧村改造进行统一规划、统一设计。在规划设计中，他们秉承系统治理、生态治理理念，做到"五不三增二保留"。全村共投资 156 万元，建成 1.5 万立方米山塘 1 座、村

图 6.6 坪上村（图片来自"金华市五水共治"）

口景观塘 1 座；投资 1680 万元，新建、重建新式江南民居 36 幢；投资 79 万元，完成全村水系连通，利用长流不息的山泉水，建成水渠 700 多米、房前屋后小水景 8 处；投资 28 万元，建成小型农村饮用水净化水厂 1 座，水质、水量和用水保证三项指标达标率全部为 100％；投资

166.5 万元，修复堤防 450 米，修复坪上古道、黄泥岭古道 2.8 千米，建成绿道 2.3 千米，新建鱼鳞堰坝 1 座；投资 6 万元，养殖观赏鱼 8500 尾，建成亲水平台 4 处；投资 17 万元，整修梯田 37 亩，种植黄桃 28 亩；投资 28 万元，治理水土流失面积 6000 平方米；挖掘人文历史 7 处，新建露营观日出基地 1 处；召开全体村民会议，讨论出台村规民约，实行全域禁止网鱼、电鱼，全面保护水利设施；成立了专业管护公司，统一负责河湖养护、公共保洁、旅游宣传、民宿接待和客源分配。

　　如今的坪上村，一幢幢错落有致的新中式浙派房屋掩映在一片翠绿之中，在那桃花盛开时，漫山遍野如醉霞绯云；等到桃子成熟时，累累果实压弯枝丫，成为名副其实的世外桃源。全村 36 幢 84 间房，已开办民宿 15 家，有床位 150 个，称之为"坪上云居"民宿（图 6.7），旅游旺季游客络绎不绝（图 6.8 为游客在戏水）。游客返程时，大袋小袋带回黄桃、笋干、高山茶、麻糍等土特产。2021 年，"坪上云居"民宿群已接待游客 8500 余人次，为村民增加收入超过 130 万元，户均收入超 35000 元，村集体收入超过 13 万元。

图 6.7（一）　"坪上云居"民宿一景（图片来自"金华市五水共治"）

图6.7（二）"坪上云居"民宿一景（图片来自"金华市五水共治"）

图6.8 游客在戏水（图片来自"金华市五水共治"）

尾　声

　　浦江县隶属于浙江省金华市，位于浙江省中部、金华市北部，依水而生，因水而美，素有"文化之邦""书画之乡""诗词之乡"等美誉，有距今万年的稻作文明"上山文化"，是中国农耕村落文化的源头，更是全国首批生态文明建设示范县。但是，浦江繁荣的背后也曾有着沉痛的水资源水环境水生态代价，曾经的浦江，垃圾遍地、污水横流、满目疮痍，境内母亲河"浦阳江"曾是远近闻名的"牛奶河""七彩河""垃圾河"。进入新世纪，浦江县深入践行"绿水青山就是金山银山"理念，持续推进河湖治理和保护，从"五水共治"到"美丽河湖"再到"幸福河湖"，从打造生态"高颜值"到转化经济"高价值"，从重视河湖面貌到关注百姓感受，不断实现治水理念的迭代升级，不断满足浦江县人民群众对防洪保安全、优质水资源、健康水生态、宜居水环境、先进水文化的需求，让河湖治理和保护成果更多、更公平、更广泛地惠及浦江广大人民群众。在这一发展历程中，发生了许多浦江治水兴水、产业富民、以水兴业的故事，这既是"诗画浦江生态美、幸福河湖幸福人"的生动实践，也为推进乡村全面振兴和美丽中国建设提供了有益参考。当前，浦江县正稳步推进全域幸福河湖建设，率先探索全域"15分钟亲水圈"建管用机制，通过打造亲水环境、提供亲水服务、发展亲水产业等，显著提升群众亲水乐水、物质精神协同共富水平，不断提升群众获得感、幸福感、安全感、认同感，为全省乃至全国幸福河湖建设促进共同富裕提供先行实践，力争让共富的果实落在每一个人怀里，甜在每一个人心上。